高等职业教育机械类专业"十二五"规划教材

焊接实训

主　编　文清平　吴　智
副主编　王　乐　马春雷　石南辉
参　编　唐琼英
主　审　杨华明

中国铁道出版社
CHINA RAILWAY PUBLISHING HOUSE

内 容 简 介

本书以国家中、高级焊工等级标准中的实际操作内容为主，做到"理论够用、着重技巧、适当扩展"，将基础理论知识、实训等教学环节有机结合在一起。

本书共分为六个项目，每个项目包含若干任务，全面介绍了焊接安全与防护、气割与气焊、焊条电弧焊、CO_2 气体保护焊、手工钨极氩弧焊、埋弧焊和焊件返修。本书着重对基本操作技术的掌握和动手能力的培养，突出焊工操作技能的训练，以培养读者在实践中分析和解决问题的能力，同时本书还配备了中、高级焊工的理论知识试题及答案，供读者使用。

本书可作为高等职业院校焊接技术及自动化、机械设计与制造等专业的教学用书，也可供相关教育培训使用，还可供相关企业技术人员和管理人员参考。

图书在版编目（CIP）数据

焊接实训／文清平，吴智主编 . 一北京：中国铁道出版社，2013.12

高等职业教育机械类专业"十二五"规划教材
ISBN 978 - 7 - 113 - 17334 - 0

Ⅰ.①焊… Ⅱ.①文… ②吴… Ⅲ.①焊接一高等职业教育一教材 Ⅳ.①TG4

中国版本图书馆 CIP 数据核字（2013）第 217428 号

书　　名：**焊接实训**	
作　　者：文清平　吴　智　主编	

策　　划：何红艳	读者热线：400 - 668 - 0820
责任编辑：何红艳	
编辑助理：耿京霞	
封面设计：付　巍	
封面制作：白　雪	
责任印制：李　佳	

出版发行：中国铁道出版社（100054，北京市西城区右安门西街 8 号）
网　　址：http：//www.51eds.com
印　　刷：北京市昌平百善印刷厂
版　　次：2013 年 12 月第 1 版　　2013 年 12 月第 1 次印刷
开　　本：787 mm×1 092 mm　1/16　印张：12　字数：284 千
书　　号：ISBN 978 - 7 - 113 - 17334 - 0
定　　价：24.00 元

高等职业教育机械类专业"十二五"规划教材
编审委员会

为深入贯彻落实《国家中长期教育改革和发展规划纲要（2010—2020）》，推动体制机制创新，深化校企合作、工学结合，进一步促进高等职业院校办出特色，全面提高高等职业教育质量，提升其服务经济社会发展能力，根据《教育部关于推进高等职业教育改革创新引领职业教育科学发展的若干意见》（教职成〔2011〕12号）的要求，黑龙江省高职高专焊接专业教学指导委员会（简称黑龙江高职焊接教指委）于2012年7月23日召开了高等职业教育焊接专业教材建设研讨会。黑龙江高职焊接教指委委员、黑龙江省数所高职院校焊接专业负责人、机械工业哈尔滨焊接技术培训中心领导出席了本次会议。会议重点讨论了高职焊接专业高端技能型人才的定位问题，以及焊接专业特色教材的开发与建设问题，最终确定了12本高职焊接专业系列教材（列入"高等职业教育机械类专业'十二五'规划教材"）的教材定位和编写特色，并初步确定了每本教材的主要内容、编写大纲、编写体例等。本次会议得到了中国铁道出版社和哈尔滨职业技术学院的大力支持，在此表示衷心的感谢。

黑龙江省是我国重要的老工业基地之一，哈尔滨市是全国闻名的"焊接城"。作为老工业基地，黑龙江省拥有悠久的焊接技术发展历史，在焊接工艺、焊接检测、焊接生产管理等领域具有深厚的历史积淀，始终处于我国焊接技术发展的前沿。黑龙江省开设焊接技术及自动化专业的高等职业学校有十几所，培养了数以万计的优秀焊接技术人才，为地方经济的繁荣和发展做出了突出的贡献，也为本系列教材的编写提供了有利的条件和支持。

在黑龙江高职焊接教指委、黑龙江省各相关高职院校、机械工业哈尔滨焊接技术培训中心和中国铁道出版社等单位的不懈努力下，本系列教材将陆续与读者见面。它凝聚了全体编写者与组织者的心血，体现了广大编写者对教育部"质量工程"精神的深刻体会和对当代高等职业教育改革精神及规律的准确把握。

本系列教材体系完整、内容丰富，具有以下特色：

（1）锤炼精品。采用最新国家标准，反映产业技术升级，引入企业新技术、新工艺，使教材知识内容保持先进性；邀请企业一线技术人员加入编写队伍，并邀请行业专家对稿件进行审读，保证教材的实用性和科学性。

（2）强化衔接。在教学重点、课程内容、能力结构以及评价标准等方面，与中等职业教育焊接技术应用专业有机衔接。

（3）产教结合。体现相关行业的发展要求，对接焊接岗位需求。本教材不仅体现了职业教育的特点和规律，也能满足生产企业对高端技能型人才的知识和技能需求。

（4）体现标准。以教育部最新颁布的《高等职业学校专业教学标准（试行）》为依据，对原有知识体系进行优化和整合，体现教学改革和专业建设的最新成果。

（5）创新形式。采用最新的、符合学生认知规律和职业教育规律的编写体例，注重教材的新颖性、直观性和可操作性，开发与纸质教材配套的网络课程、虚拟仿真实训平台、主题素材库以及相关音像制品等多种形式的数字化配套教学资源。

教材的生命力在于质量与特色，衷心希望参与本系列教材开发的相关院校、行业企业及出版单位能够做到与时俱进，根据教育部高等职业教育改革和发展的形势及产业调整、专业技术发展的趋势，不断对教材内容和形式进行修改和完善，使之更好地适应高等职业学校人才培养的需要。同时，希望出版单位能够一如既往地依靠业内专家，与科研、教学、产业一线人员不断深入合作，争取出版更多的精品教材，为高等职业院校提供更优质的教学资源，为职业教育的发展做出更大的贡献。

在此衷心希望本套教材能充分发挥其应有的作用，也期待在这套教材的影响下，一大批高素质的高端技能型人才脱颖而出，在工作岗位上建功立业。

黑龙江省高职高专焊接专业教学指导委员会主任

2013 年春于哈尔滨

为适应高职高专焊接专业人才培养模式和课程体系改革的形式，本书依据"以能力为本，培养适应生产、建设、管理第一线需要的高技能型人才"的原则，按照焊接技术人才培养目标，本着"推陈出新，重视技能，够用为度，适当扩展"的指导思想，结合行业企业技术发展情况对教学内容进行了优化和重构。

全书以国家中、高级焊工等级标准中的实际操作内容为主，结合企业调研情况，介绍气焊、焊条电弧焊、CO_2 气体保护焊、埋弧焊、手工钨极氩弧焊等的材料、设备、工艺及操作，突出理论与实际的联系。全书共分为六个项目：气割与气焊，焊条电弧焊，CO_2 气体保护焊，手工钨极氩弧焊，埋弧焊，焊件的返修。本书的特色是着重基本操作技术的掌握和动手能力的培养，突出焊工操作技能的训练，以培养读者在实践中分析和解决问题的能力。

本书由文清平、吴智任主编，王乐、马春雷、石南辉任副主编，唐琼英参与编写。全书由杨华明主审。

本书在编写过程中，借鉴并参考了许多研究者、一线教师的研究成果和相关资料，得到南车集团资阳机车有限公司肖燕、水电五局郑淑娟的大力支持和帮助，在此一并表示衷心的感谢！

由于编者水平有限，书中的疏漏和不足之处在所难免，恳请读者批评指正。

编　者

2013 年 10 月

目 录

绪论

一、焊接防护

创造安全、卫生的工作环境，避免或减轻劳动过程中给劳动者带来的危害，是用人单位和劳动者共同关注的问题。电焊工的职业卫生问题，主要有两方面：一是在电焊、切割时的安全，预防工伤事故的发生；二是焊接、切割过程中如何对有毒有害因素加以控制、预防职业病的发生。

1. 焊接、切割过程中的有毒有害因素

焊接、切割工作中的有毒有害因素按其性质分大体有七类：物理因素（弧光、噪声、射线、高频电磁场和热辐射）；化学因素（焊接烟尘、有毒气体）。这些有害因素往往与材料的化学成分、焊接方法及焊接工艺有关。

1）弧光

焊接过程的弧光由紫外线、红外线和可见光组成，属于电磁辐射范畴。光辐射是能量的传播方式，波长与能量成反比，光辐射作用到人体上，被体内组织吸收，引起组织的热作用、光化学作用，导致人体组织发生急性或慢性损伤。

焊接电弧产生的强烈紫外线对人体是有害的，即使短时间接触，也会引起眼睛畏光、流泪、疼痛等症状，重者可导致电光性眼炎；紫外线还能烧伤皮肤，引起皮肤烧灼感、红肿、发痒、脱皮等症状。

2）焊接烟尘

在温度为 3 000 ~ 6 000℃的电气焊环境中，焊接原材料中金属元素的蒸发气体，在空气中迅速氧化、冷凝，从而形成金属及其化合物的微粒。直径小于 0.1 μm 的微粒称为烟，直径为 0.1 ~ 10 μm 的微粒称为尘，这些烟和尘的微粒漂浮在空气中便形成了烟尘。

电焊烟尘的化学成分取决于焊接材料和母材成分及其蒸发的难易程度。熔点和沸点低的成分蒸发量较大。熔化金属的蒸发，是焊接烟尘的重要来源。低氢型焊条焊接时，还会产生有毒的可溶性氟。低氢型焊条产生的粉尘量约为酸性焊条的两倍。

近年来，由于焊接工艺的发展，新的焊接材料成分更为复杂，电焊作业现场测试分析，证明焊接区周围空气中除了含有大量氧化铁或铝等粉尘之外，还有多种具有刺激性和促使肺组织纤维化的有毒有害物质，如硅、硅酸盐、锰、铬、氟化物及其他金属氧化物。此外，还有臭氧、氮氧化物等混合烟尘及有毒气体。如果防尘措施效果不佳，长期吸入较高浓度的粉尘会对机体产生不良影响，严重的可以导致焊工尘肺。

3）有毒气体

电气焊时，特别是电弧焊，焊接区周围空间由于电弧高温和强烈紫外线的作用，可形成多种有毒气体，主要有臭氧（O_3）、氮氧化物（NO_x）、一氧化碳（CO）和氟化氢（HF）等。

（1）CO。电气焊时会产生 CO 气体；CO_2 气体保护焊产生的 CO 更多。CO 是一种窒息

性气体,通过呼吸道进入人体血液,降低血液的携氧能力,使人体组织缺氧坏死;严重的CO中毒会使人呼吸及心脏活动障碍,大小便失禁,反射消失,甚至窒息或致死。

(2)氟化氢。氟化氢常以二分子状态(H_2F_2)存在,是一种具有刺激性气味的无色气体或液体,为弱酸性,在空气中呈烟雾状,其蒸气具有十分强烈的腐蚀性和毒性。当使用碱性焊条焊接时,药皮中的萤石在高温下会产生氟化氢气体。吸入较高浓度的氟化氢气体,可立即引起眼、鼻和呼吸道刺激症状,严重时会导致支气管炎、肺炎等。

4)射线

钨极是手工钨极氩弧焊、等离子弧焊的非熔化电极,常用的钨极材料有纯钨极、钍钨极和铈钨极三种。但钍是天然放射性物质,能放射出 α、β、γ 三种射线,有微量的放射性,在磨削电极与焊接时只要注意防护就不至于造成身体伤害。

5)高频电磁场

随着氩弧焊和等离子焊焊接技术的广泛应用,焊接过程中产生一定强度的电磁辐射,从而造成局部生产环境的污染。其原因是非熔化极氩弧焊和等离子弧焊引燃电弧时,需由高频振荡器来激发引弧,此时,振荡器要产生强烈的高频振荡,击穿钨极与工件或喷嘴间的空气间隙,引燃电弧。

6)噪声

在等离子喷焊、喷涂、切割或使用风铲、碳弧气刨时会产生很强的噪声。等离子流的喷射速度可达 10 000 m/min,噪声在 100 dB 以上。喷涂时的噪声可达 123 dB,频率为 31.5 ~ 32 000 Hz,较强噪声的频率均在 1 000 Hz 以上。噪声对人体的危害程度与噪声的频率及强度、噪声源的性质、暴露时间、工种、身体状况有关。对人体的危害主要为噪声性听力损伤和噪声性耳聋。

7)热辐射

焊接作业场所由于焊接电弧、焊件预热过程等热源的存在,所以在焊接过程中有大量的热能以辐射形式向焊接作业场所扩散,形成热辐射。

2. 焊接、切割作业的职业卫生防护措施

预防焊接、切割作业过程中危害劳动者健康的措施主要有通风技术措施、个人防护措施、改革焊接工艺和改进焊接材料。

1)通风技术措施

焊接、切割作业场所的通风技术措施的目的是减少或消除粉尘、有毒有害气体,把新鲜空气送到作业场所,排除有害物质及被污染的空气,创造良好的作业环境。通风可分为自然通风和机械通风两类。自然通风是借助风压和温压的作用,按空气的自然流通方向而进行的通风;机械通风是依靠风机产生压力实现换气。

2)个人防护措施

除采取通风除尘技术措施外,个人防护措施也十分重要,对于防止焊接、切割作业时产生的有毒气体及粉尘危害劳动者健康具有重要意义。

个人防护措施是通过使用眼、口、鼻等身体各部位的防护用具达到保护焊工身体健康的目的。焊工在焊接操作时必须穿戴好防护用具,即合格的面罩和防护镜、耐火和有绝缘效果的电焊手套、焊工防护服及防护鞋等。焊工防护服以白帆布工作服为最佳,能隔热、不易燃且反弧光,减少弧光辐射和飞溅物对人体烧伤及烫伤,化纤衣料不宜做焊工工作服,焊工防护鞋应要求在 5 kV、2 min 耐压试验下不击穿。

（1）弧光辐射防护。为了保护眼睛及脸部皮肤不受辐射伤害，焊工必须使用镶有特制护目镜片的面罩或头盔。为防止弧光灼伤皮肤，焊工必须穿工作服，戴专用焊工防护手套和穿焊工防护鞋等。

（2）焊接烟尘及有毒气体的防护。通风措施对于消除焊接烟尘和有毒气体危害十分有效。局部排烟是效果较好的通风措施，目前广泛应用于焊接生产。加强个人防护措施对防止焊接烟尘和有毒气体对人体的影响具有重要意义，如送风防护头盔、送风口罩、分子筛除臭氧口罩等。

（3）射线防护。采用综合性防护措施，如对焊接区实行密闭，采用机械操作。在生产现场用薄金属板制成密闭罩，将焊枪和焊件置于罩内，罩的一侧设观察防护镜，使焊接过程中产生的有毒气体、金属氧化物、粉尘及放射性气溶胶等被最大限度地控制在一定的空间内，然后通过排气系统和净化装置排出室外。接触钨棒后应以流动水和肥皂洗手。

（4）高频电磁场防护。高频振荡器的作用在于引弧，每次引弧时间仅有 2~3 s，一个工作日接触高频时间粗略估计为 10 min，由于接触时间短（而参考卫生标准中的允许辐射强度是指 8 h 接触），而且不是连续接触，一般不足以造成对焊工的伤害。

（5）热辐射防护。为了防止有毒气体、粉尘的污染，焊接作业现场一般都设置有全面自然通风与局部机械通风装置，这对降温起到良好的作用。但应当注意，采用风扇等局部降温时，勿将风直吹电弧或工人的腰背部，因为这种做法不仅可以破坏电弧的稳定性，还会影响工人健康。

二、焊接安全

1. 焊接安全生产的重要性

焊工在焊接时要与电、可燃及易爆的气体、易燃液体、压力容器等接触，有时还要在高处、水下、容器设备内部等特殊环境作业。所以，焊接生产中存在一些危险因素，如触电、灼伤、火灾、爆炸、中毒、窒息等，因此必须重视焊接安全生产。

国家标准明确规定，金属焊接（气割）作业是特种作业，焊工是特种作业人员。特种作业人员，必须进行培训并经考试合格后，方可上岗作业。

2. 预防触电

触电是焊接操作的主要危险因素，我国目前生产的焊条电弧焊机的空载电压限制在 90 V以下，工作电压为 25~40 V；自动电弧焊机的空载电压为 70~90 V；电渣焊机的空载电压一般是 40~65 V；氩弧焊、CO_2 气体保护电弧焊机的空载电压是 65 V 左右；等离子弧切割机的空载电压为 300~450 V；所有焊机工作的网路电压为 380 V/220 V，50 Hz 的交流电，都超过安全电压（一般干燥情况为 36 V，高空作业或特别潮湿场所为 12 V），因此必须采取措施以预防触电带来的危险。

1）电流对人体的危害

电流对人体的危害有电击、电伤和电磁场生理伤害三种类型。

电击是指电流通过人体内部，破坏心脏、肺部或神经系统的功能，通常称为触电。绝大部分触电事故是由电击造成的。

电伤是指电对人体外部造成局部伤害，即由电流的热效应、化学效应、机械效应对人体外部组织或器官造成的伤害，如电灼伤、金属溅伤、电烙印。

电磁场生理伤害是指在高频电磁场作用下，使人产生头晕、乏力、记忆力衰退、失眠多梦等神经系统的症状。

2）焊接操作造成触电原因

触电可分为直接触电和间接触电，直接触电是直接触及焊接设备正常运行时的带电体或靠近高压电网和电气设备而发生触电；间接触电是触及意外带电体（正常时不带电，因绝缘损坏或电气设备发生故障而带电的导体）而发生触电。

（1）直接触电原因：

① 在更换焊条、电极和焊接过程中，焊工的手或身体接触到焊条、焊钳或焊枪的带电部分，而脚或身体其他部位与地或工件间无绝缘保护。焊工在金属容器、管道、锅炉或金属结构内部施工，或当人体大量出汗，或在阴雨天、潮湿地方焊接时，特别容易发生这种触电事故。

② 在接线、调节焊接电流和移动焊接设备时，手或身体接触到接线柱等带电体而触电。

③ 在高处焊接作业时触及低压线路或靠近高压网路引起的触电事故。

（2）间接触电原因：

① 焊接设备的绝缘烧损、振动或机械损坏，使绝缘损坏部位碰到机壳，而人碰到机壳引起触电。

② 焊机的火线和零线接错，使外壳带电而触电。

③ 焊接操作时人体碰上了绝缘损坏的电缆、胶木电闸带电部分而触电。

3）安全用电注意事项

（1）焊工必须穿胶靴，带皮手套。目前我国使用的劳保用靴、皮手套，偶尔接触 220 V 或 380 V 电压时，还不致造成严重后果。

（2）焊工在切断、闭合开关或接触带电物体时，必须单手进行并将头偏向一侧。因为双手操作开关或接触带电物体，如发生触电，会通过心脏形成回路，造成触电者迅速死亡。

（3）绝对禁止在电焊机开动的情况下接地线、手把线。

（4）焊接电缆软线（二次线）外皮烧损超过两处，应更换或经检修后再用。

（5）在容器内部施焊时，照明电压应采用 12 V。登高作业不准将电缆线缠在焊工身上或搭在背上。

3. 预防火灾和爆炸

焊接时，电弧及气体火焰的温度很高并有大量的金属火花飞溅物，而且在焊接过程中还会与可燃及易爆的气体、易燃液体、可燃的粉尘或压力容器等接触，都有可能引起火灾甚至爆炸。因此焊工在工作时，必须防止火灾及爆炸事故的发生。

1）可燃气体的爆炸

工业上大量使用的可燃气体，如乙炔、天然气等，与氧气或空气均匀混合达到一定限度，遇到火源便会发生爆炸，这个限度称为爆炸极限，常用可燃气在混合物中所占的体积分数来表示。例如，乙炔与空气混合爆炸极限为 2.2% ~81%，乙炔与氧气混合爆炸极限为

2.8% ~93%，丙烷或丁烷与空气混合爆炸极限分别为 2.1% ~9.5% 和 1.55% ~8.4%。

2）可燃液体的爆炸

在焊接场地或附近放有可燃液体时，可燃液体或可燃液体蒸汽达到一定浓度，遇到焊接火花就会发生爆炸，如汽油蒸汽与空气混合的爆炸极限为 0.7% ~6%。

3）可燃粉尘的爆炸

可燃粉尘如镁、铝粉尘、纤维素粉尘等，悬浮于空气中，达到一定浓度范围，遇到焊接火花也会发生爆炸。

4）密闭容器的爆炸

对密闭容器或受压容器焊接时，如不采取适当措施（如卸压）也会产生爆炸。

4. 焊接动火制度

在各类焊接事故中，爆炸火灾事故所造成的损失最大。尤其是在易燃易爆区域、设备或岗位上进行焊接，如果不按规定办理动火手续，没有防护措施，很容易发生爆炸火灾事故。所以，对上述环境的焊接作业，必须建立严格的动火制度，以确保安全。

1）动火类别及审批

（1）一类动火。在易燃易爆车间、装置（设备）、管道及其周围动火，称为一类动火。一类动火多数由企业安技部门或消防保卫部门批准。

（2）二类动火。固定动火区（场）和一类动火范围以外的动火，称为二类动火。二类动火多数由车间主任批准。

（3）特殊动火。具有特殊危险作业或区域的动火称为特殊动火，如在煤气柜、合成塔、汽油库、氢气柜、乙炔站、炸药库、苯贮罐等本体上的动火。特殊动火除了按一类动火项目办理审批手续外，还必须报生产厂长、总工程师批准。

一类、二类及特殊动火的类别划分及审批权限，各企业可根据行业性质及本单位的具体情况自行确定。

2）动火证的办理和使用

（1）动火证的办理。动火证由动火所在单位项目负责人办理。其安全措施由动火所在单位提出，属施工方面的由施工单位负责落实，属生产方面的由生产单位给予安排。

在公共场所、易燃易爆管架上动火，由施工单位负责人办理动火证，经所在区域生产单位审查安全措施，由动火所在单位的安全或消部门批准，动火分析由所在区域生产单位负责。

审批人要加强调查研究，切实了解动火场所的周围环境并落实安全措施，严肃认真审批动火证，并视具体情况，确定动火有效时间。当动火情况变化时应停止动火，重新取样分析。

（2）动火证的使用。焊割人员要随身携带动火证，一证不准多用和重复使用。动火人对安全措施不落实的项目应拒绝动火。如果作业中发现意外情况，应立即停止焊割动火。并重新落实安全措施。

项目 一 气割与气焊

任务一 手工气割

学习目标

1. 知识目标

（1）了解气割基本原理。

（2）掌握气割时火焰的调节与使用范围。

（3）掌握气割设备的维护和常见故障的排除。

2. 技能目标

掌握中厚板手工气割的切割方法和操作要领。

3. 素质目标

（1）树立学生对企业员工的角色意识，确立基本的职业态度。

（2）通过分组学习，锻炼学生的团队协作意识。

任务描述

用手工割炬将 12 mm 厚的钢板切割成 300 mm × 400 mm 的焊接材料。

知识准备

一、焊工安全规程

（1）电焊、气焊工均为特种作业，身体检查合格，并经专业安全技术学习、训练和考试合格，颁发"特种作业操作证"后方能独立操作。

（2）焊接场地，禁止放易燃易爆物品。应备有消防器材，保证足够的照明和良好的通风。

（3）工作前必须穿戴好防护用品，操作时（包括打渣）所有工作人员必须戴好防护眼镜或面罩。仰面焊接应扣紧衣领，扎紧袖口，戴好防火帽。

（4）对受压容器、密闭容器、各种油桶、管道，沾有可燃气体和溶液的工件进行操作时，必须事先进行检查，并经过冲洗除掉有毒、有害、易燃、易爆物质，解除容器及管道压力，消除容器密闭状态（敞开口、施开盖），再进行工作。

（5）在焊接、切割密闭空心工件时，必须留有出气孔。在容器内焊接，外面必须设人监护，并有良好通风措施，照明电压应采用 12 V。禁止在已做油漆或喷涂过塑料的容器内焊接。

（6）电焊机接地零线及电焊工作回线都不准搭在易燃、易爆的物品上，也不准接在管道和机床设备上。工作台回线应绝缘良好，机壳接地必须符合安全规定。

（7）在有易燃、易爆物的车间、场所或煤气管附近焊接时，必须取得消防部门的同意并与煤气站联系好。工作时应采取严密措施，防止火星飞溅引起火灾。

（8）高空作业应系安全带，采取防护设施并不准将工作回线缠在身上，地面应有人监护。

（9）工作完毕，应检查场地。灭绝火种、切断电源才能离开。

二、手工气割（焊）工安全规程

1．一般规定

（1）严格遵守一般安全操作规程和有关乙炔瓶、橡胶软管、氧气瓶的安全使用规则及焊（割）炬安全操作规程。

（2）工作前或停工时间较长工作时，必须检查所有设备。乙炔瓶、氧气瓶及橡胶软管的接头，阀门及紧固件应紧固牢靠，不准存在松动、破损和漏气现象，氧气瓶及其附件橡胶软管、工具上不能沾染油脂和泥垢。

（3）检查设备、附件及管路漏气时，只准用肥皂试验。试验时，周围不准有明火，不准抽烟。严禁用火试验漏气。

（4）氧气瓶、乙炔瓶与明火间的距离应在 10 m 以上。如有条件限制，也不准低于 5 m，并应采取隔离保护措施。

（5）禁止用易产生火花的工具去开启氧气或乙炔气瓶阀门。

（6）设备管道冻结时，禁止用火烤或用工具敲击冻块。氧气阀或管道要用 40 ℃的温水溶化；乙炔瓶、回火防止器及管道可用热水或蒸汽加热解冻，或用 23% ～30% 氯化纳热水溶液解冻、保温。

（7）焊接场地应备有相应的消防器材。露天作业应防止阳光直射在氧气瓶或乙炔瓶上。

（8）工作完毕或离开工作现场，要拧上瓶的安全帽，收抬现场，把气瓶和乙炔瓶放在指定地点。

（9）压力容器及压力表、安全阀、应按规定定期送交校验和试验。

2．橡胶软管

（1）橡胶软管须经压力试验，氧气软管试验压力为 20 atm （1 atm = 一个标准大气压，此单位已废止，1 atm = 1.013 ×10^{5}Pa），乙炔软管试验压力为 5 atm。未经压力试验的代用品及变质、老化、脆裂、漏气的胶管不准使用。

（2）软管长度一般为 10 ～20 m。不准使用过短或过长的软管。接头处必须用专用的卡子或退火的金属丝卡紧扎牢。

（3）氧气软管为红色，乙炔软管为黑色，与焊炬连接时不可错乱。氧气软管着火时，应迅速关闭氧气瓶阀门，停止供氧。不准用弯折的办法来消除氧气软管着火。

（4）乙炔软管使用中发生脱落、破裂着火时，应先将焊炬或割炬上的火焰熄灭，然后停止供气。乙炔软管着火时可用弯折前面一段的办法来将火熄灭。

（5）禁止把橡胶软管放在高温管道和电线上，或把重的或热的物件压在软管上，也不准将软管与电焊用的线铺设在一起，使用时应防止割破。软管经过车行道时应加护套或盖板。

3. 氧气瓶

（1）每个气瓶必须装设两个防震橡胶圈。氧气瓶应与其他易燃气瓶油脂和其他易燃物品分开保存，也不准同车运输。运送时须罩上安全帽。禁止用行车或吊车吊运氧气瓶。

（2）氧气瓶附件有损坏或缺损，阀门螺杆滑丝时应停止使用。氧气瓶应直立着安放在固定支架上，以免跌倒发生事故。

（3）禁止使用没有减压器的氧气瓶。

（4）氧气瓶中的氧气不允许全部用完，至少应留 0.05 MPa 的压力，并将阀门拧紧，写上"空瓶"标记。

（5）开启氧气阀门时，要用专用工具，动作要缓慢，不要面对减压表，但应观察压力表指针是否灵活正常。

（6）遵守"气瓶安全监察规程"定期对氧气瓶做水压试验。

4. 溶解乙炔安全使用

（1）禁止敲击、碰撞，要轻拿轻放。

（2）不得靠近热源和电气设备；夏季要防止暴晒；与明火的距离一般不小于 10 m（高空作业时，应是与垂直地面处的平行距离）。

（3）瓶阀冻结，严禁用火烘烤，必要时可用 40 ℃ 以下的温水解冻。

（4）吊装、搬运时应使用专用夹具和防震的运输车，严禁用电磁起重机和链绳吊装搬运。

（5）严禁放置在通风不良及具有放射性射线的场所，且不得放在橡胶等绝缘体上。

（6）工作地点不固定且移动较频繁时，应装在小车上；同时使用乙炔瓶和氧气瓶时，应尽量避免放在一起。

（7）使用时要注意固定，防止倾倒，严禁卧放。

（8）使用时必须装专用的减压器、回火防止器。开启时，操作者应站在阀口的侧后方，动作要轻缓。

（9）使用压力不得低于 0.15 MPa，输气流速每瓶不应超过 1.5～2m³/h。

（10）严禁铜、银、汞等及其制品与乙炔接触，必须使用铜合金器具时，合金含铜量应低于 70%。

（11）瓶内气体严禁用尽，必须留有不低于表 1-1 规定的剩余压力。

表 1-1　瓶内剩余压力

物　理　量	数　　值			
环境温度/℃	<0	0～15	15～25	25～40
剩余压力/MPa	0.05	0.1	0.2	0.3

三、气割的基本原理和特点

气割是利用可燃气体与氧气混合燃烧的火焰热能将工件切割处预热到一定温度后，喷出高速切割氧流，使金属剧烈氧化并放出热量，利用切割氧流把熔化状态的金属氧化物吹掉，而实现切割的方法。金属的气割过程实质是铁在纯氧中的燃烧过程，而不是熔化过程。

可燃气体与氧气的混合及切割氧的喷射是利用割炬来完成的，气割所用的可燃气体主要是乙炔、液化石油气和氢气。

气割过程是预热—燃烧—吹渣过程，但并不是所有金属都能满足这个过程的要求，只有符合下列条件的金属才能进行气割。

（1）金属在氧气中的燃烧点应低于其熔点。

（2）气割时金属氧化物的熔点应低于金属的熔点。

（3）金属在切割氧流中的燃烧应是放热反应。

（4）金属的导热性不应太高。

（5）金属中阻碍气割过程和提高钢的可淬性的杂质要少。

符合上述条件的金属有纯铁、低碳钢、中碳钢和低合金钢以及钛等。其他常用的金属材料，如铸铁、不锈钢、铝和铜等，则必须采用特殊的气割方法（如等离子切割等）。目前气割工艺在工业生产中得到了广泛的应用。

气割的优点是设备简单、使用灵活；其缺点是对切口两侧金属的成分和组织产生一定的影响，以及引起被割工件的变形等。

四、割炬

割炬的作用是使氧与乙炔按比例进行混合，形成预热火焰，并将高压纯氧喷射到被切割的工件上，使被切割金属在氧射流中燃烧，氧射流并把燃烧生成的熔渣（氧化物）吹走而形成割缝。割炬是气割工件的主要工具。

割炬按预热火焰中氧气和乙炔的混合方式不同分为射吸式和等压式两种，其中以射吸式割炬的使用最为普遍。割炬按其用途又分为普通割炬、重型割炬及焊、割两用炬等。普通割炬的型号及主要技术数据如表 1-2 所示。

表 1-2　普通割炬的型号及主要技术数据

割炬型号	G01－30			G01－100			G01－300			
结构形式	射吸式									
割嘴号码	1	2	3	1	2	3	1	2	3	4
割嘴孔径/mm	0.6	0.8	1	1	1.3	1.6	1.8	2.2	2.6	3
切割厚度范围/mm	2～10	10～20	20～30	10～25	25～30	50～100	100～150	150～200	200～250	250～300
氧气压力/MPa	0.20	0.25	0.30	0.20	0.35	0.50	0.50	0.65	0.80	1.00
乙炔压力/MPa	0.001～0.10	0.001～0.10	0.001～0.10	0.001～0.10	0.001～0.10	0.001～0.10	0.001～0.10	0.001～0.10	0.001～0.10	0.001～0.10
氧气消耗量/（m³/h）	0.8	1.4	2.2	2.2～2.7	3.5～4.2	5.5～7.3	9.0～10.8	11～14	14.5～18	19～26
乙炔消耗量/（L/h）	210	240	310	350～400	400～500	500～610	680～780	800～1 100	1 150～1 200	1 250～1 600
割嘴形状	环形			梅花形和环形			梅花形			

G01-30 型割炬是常用的一种射吸式割炬，能切割 2 ~ 30 mm 厚的低碳钢板；G01-30 型吸式割炬如图 1-1 所示；G01-100 型和 G01-300 型割炬的构造和工作原理与 G01-30 型割炬相同。区别仅在于割炬的尺寸和割嘴的大小不同；G01-100 型和 G01-300 型割炬可分别切割 10 ~ 100 mm 和 100 ~ 300 mm 厚的工件。

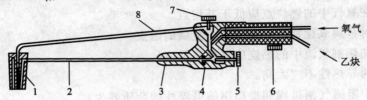

图 1-1　G01-30 型射吸式割炬

1—割嘴；2—混合管；3—射吸管；4—喷嘴；5—预热氧气阀；
6—乙炔阀；7—切割氧气阀；8—切割氧气管

五、气割火陷

气焊的火焰是用来对焊件和填充金属进行加热、熔化和焊接的热源；气割的火焰是预热的热源；火焰的气流又是熔化金属的保护介质。焊接火焰直接影响到焊接质量和焊接生产率，气焊气割时要求焊接火焰应有足够的温度，体积要小，焰芯要直，热量要集中；还应要求焊接火焰具有保护性，以防止空气中的氧、氮对熔化金属的氧化及污染。

氧-乙炔焰具有很高的温度（约 3 200 ℃），加热集中，因此，是气焊气割中主要采用的火焰。乙炔（C_2H_2）在氧气（O_2）中的燃烧过程可以分为两个阶段：首先乙炔在加热作用下被分解为碳（C）和氢（H_2），接着碳和混合气中的氧发生反应生成 CO，形成第一阶段的燃烧；随后在第二阶段的燃烧是依靠空气中的氧进行的，这时 CO 和 H_2 分别与 O 发生反应分别生成 CO_2 和 H_2O。上述的反应释放出热量，即乙炔在氧气中燃烧的过程是一个放热的过程。

氧-乙炔火焰根据氧和乙炔混合比的不同，可分为中性焰、碳化焰和氧化焰三种类型，其构造和形状分别如图 1-2（a）、（b）、（c）所示。

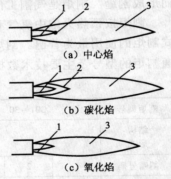

图 1-2　氧—乙炔焰的构造和形状
1—焰心；2—内焰；3—外焰

1. 中性焰

中性焰是氧与乙炔体积的比值（O_2/C_2H_2）为 1.1 ~ 1.2 的混合气燃烧形成的气体火焰，中性焰在第一燃烧阶段既无过剩的氧又无游离的碳。中性焰有三个显著区别的区域，分别为焰芯、内焰和外焰，如图 1-2（a）所示。

（1）焰芯。中性焰的焰芯呈尖锥形，色白而明亮，轮廓清楚。焰芯由氧气和乙炔组成，焰芯外表分布有一层由乙炔分解所生成的碳素微粒，由于炽热的碳粒发出明亮的白光，因而有明亮而清楚的轮廓。在焰芯内部进行着第一阶段的燃烧。焰芯虽然很亮，但温度较低（800 ~ 1 200 ℃），这是由于乙炔分解而吸收了部分热量的缘故。

（2）内焰。内焰主要由乙炔的不完全燃烧产物，即来自焰芯的碳和氢气与氧气燃烧的生成物一氧化碳和氢气所组成。内焰位于碳素微粒层外面，呈蓝白色，有深蓝色线条。内焰处在焰芯前 2~4 mm 部位，燃烧量激烈，温度最高，可达 3 100~3 150 ℃。气焊时，一般利用这个温度区域进行焊接，因而称为焊接区。

（3）外焰。处在内焰的外部，外焰的颜色从里向外由淡紫色变为橙黄色。在外焰，来自内焰燃烧生成的 CO 和 H_2 与空气中的氧充分燃烧，即进行第二阶段的燃烧。外焰燃烧的生成物是 CO_2 和 H_2O。外焰温度为 1 200~2 500 ℃。由于 CO_2 和 H_2O 在高温时容易分解，所以外焰具有氧化性。

中性焰应用最广泛，一般用于焊接碳钢、紫铜和低合金钢等。

中性焰的温度是沿着火焰轴线而变化的。中性焰温度最高处在距离焰芯末端2~4 mm 的内焰的范围内，此处温度可达 3 150 ℃，离此处越远，火焰温度越低。此外，火焰在横断面上的温度是不同的，断面中心温度最高，越向边缘，温度就越低。

由于中性焰的焰芯和外焰温度较低，且内焰具有还原性，内焰不但温度最高还可以改善焊缝金属的性能，所以，采用中性焰焊接切割大多数的金属及其合金时，都利用内焰。

2. 碳化焰

碳化焰是氧与乙炔的体积的比值（O_2/C_2H_2）小于 1.1 时的混合气燃烧形成的气体火焰，因为乙炔有过剩量，所以燃烧不完全。碳化焰中含有游离碳，具有较强的还原作用和一定的渗碳作用。

如图 1-2（b）所示，碳化焰可分为焰芯、内焰和外焰三部分。碳化焰的整个火焰比中性焰长而柔软，而且随着乙炔的供给量增多，碳化焰也就变得越长、越柔软，其挺直度就越差。当乙炔的过剩量很大时，由于缺乏使乙炔完全燃烧所需要的氧气，火焰开始冒黑烟。

碳化焰的焰芯较长，呈蓝白色，由 CO、H_2 和碳素微粒组成。碳化焰的外焰特别长，呈橘红色，由水蒸气、二氧化碳、氧气、氢气和碳素微粒组成。

碳化焰的温度为 2 700~3 000 ℃。由于在碳化焰中有过剩的乙炔，它可以分解为氢气和碳，在焊接碳钢时，火焰中游离状态的碳会渗到熔池中去，增高焊缝的含碳量，使焊缝金属的强度提高而使其塑性降低。此外，过多的氢会进入熔池，促使焊缝产生气孔和裂纹。因而碳化焰不能用于焊接低碳钢及低合金钢。但轻微的碳化焰应用较广，可用于焊接高碳钢、中合金钢、高合金钢、铸铁、铝和铝合金等材料。

3. 氧化焰

氧化焰是氧与乙炔的体积的比值（O_2/C_2H_2）大于 1.2 时的混合气燃烧形成的气体火焰，氧化焰中有过剩的氧，在尖形焰芯外面形成了一个有氧化性的富氧区，其构造和形状如图 1-2（c）所示。

氧化焰由于火焰中含氧较多，氧化反应剧烈，使焰芯、内焰、外焰都缩短，内焰很短，几乎看不到。氧化焰的焰芯呈淡紫蓝色，轮廓不明显；外焰呈蓝色，火焰挺直，燃烧时发出急剧的"嘶嘶"声。氧化焰的长度取决于氧气的压力和火焰中氧气的比例，氧气的比例越大，则整个火焰就越短，噪声也就越大。

氧化焰的温度可达 3 100~3 400 ℃。由于氧气的供应量较多，使整个火焰具有氧化性。如果焊接一般碳钢时，采用氧化焰就会造成熔化金属中的氧含量高和合金元素的烧损，使焊缝金属氧化物和气孔增多并增强熔池的沸腾现象，从而较大地降低焊接质量。所以，一般材料的焊接，绝不能采用氧化焰。但在焊接黄铜和锡青铜时，利用轻微的氧化焰的氧化性，生成的氧化物薄膜覆盖在熔池表面，可以阻止锌、锡的蒸发。由于氧化焰的温度很高，在火焰加热时为了提高效率，常使用氧化焰。气割时，通常使用氧化焰。

4. 各种火焰的适用范围

上述中性焰、碳化焰、氧化焰，因其性质不同，适用于焊接不同的材料。氧与乙炔不同体积比值（O_2/C_2H_2）对焊接质量的影响很大。各种金属材料气割、气焊时火焰种类的选择如表 1-3 所示。

表 1-3　各种金属材料气割、气焊火焰的选择

焊件材料	应用火焰	焊件材料	应用火焰
低碳钢	中性焰或轻微碳化焰	铬镍不锈钢	中性焰或轻微碳化焰
中碳钢	中性焰或轻微碳化焰	紫铜	中性焰
低合金钢	中性焰	锡青铜	轻微氧化焰
高碳钢	轻微碳化焰	黄铜	氧化焰
灰铸铁	碳化焰或轻微碳化焰	铝及其合金	中性焰或轻微碳化焰
高速钢	碳化焰	铅、锡	中性焰或轻微碳化焰
锰钢	轻微氧化焰	蒙乃尔合金	碳化焰
镀锌铁皮	轻微碳化焰	镍	碳化焰或轻微碳化焰
铬不锈钢	中性焰或轻微碳化焰	硬质合金	碳化焰

材料准备

（1）试件材料：Q235，12 mm 厚。

（2）试件尺寸：根据实际材料情况定。

（3）气割设备及工具：氧气瓶、减压器、乙炔瓶、割炬（G01 – 100 型）环形割嘴、气管。

（4）辅助工具：护目镜、点火枪、通针、钢丝刷等。

任务实施

一、工艺参数

气割工艺参数主要包括割炬型号和切割氧压力、气割速度、预热火焰能率、割嘴与工件间的倾斜角、割嘴离工件表面的距离等。

1. 割炬型号和切割氧压力

当割件较薄时，切割氧压力可适当降低。但切割氧的压力不能过低，也不能过高。若切割氧压力过高，则切割缝过宽，切割速度降低，不仅浪费氧气，同时还会使切口表面粗糙，而且还将对割件产生强烈的冷却作用；若氧气压力过低，会使气割过程中的氧化反应减慢，切割的氧化物熔渣吹不掉，在割缝背面形成难以清除的熔渣黏结物，甚至不能将工件割穿。

除上述切割氧的压力对气割质量的影响外，氧气的纯度对氧气消耗量、切口质量和气割速度也有很大影响。氧气纯度降低，会使金属氧化过程缓慢、切割速度降低，同时氧的消耗量增加。图 1-3 所示为氧气纯度对气割时间和氧气消耗量的影响曲线，在氧气纯度为 97.5% ~ 99.5%，氧气纯度每降低 1% 时，气割 1 m 长的割缝，气割时间将增加 10% ~ 15%；氧气消耗量将增加 25% ~ 35%。

氧气中的杂质如氮等在气割过程中会吸收热量，并在切口表面形成气体薄膜，阻碍金属燃烧，从而使气割速度下降和氧气消耗量增加，并使切口表面粗糙。因此，气割用的氧气的纯度应尽可能地提高，一般要求在 99.5% 以上。若氧气的纯度降至 95% 以下，气割过程将很难进行。

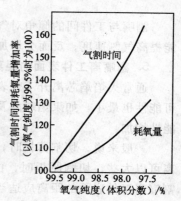

图 1-3 氧气纯度对气割时间和氧化消耗量的影响

2. 气割速度

一般气割速度与工件的厚度和割嘴形式有关，工件越厚，气割速度越慢；相反，气割速度应较快。气割速度由操作者根据割缝的后拖量自行掌握。所谓后拖量，是指在氧气切割的过程中，在切割面上的切割氧气流轨迹的始点与终点在水平方向上的距离，如图 1-4 所示。

在气割时，后拖量总是不可避免的，尤其气割厚板时更为显著。合适的气割速度，应以使切口产生的后拖量比较小为原则。若气割速度过慢，会使切口边缘不齐，甚至产生局部熔化现象，割后清渣也较困难；若气割速度过快，会造成后拖量过大，使割口不光洁，甚至造成割不透。总之，合适的气割速度可以保证气割质量，并能降低氧气的消耗量。

图 1-4 后拖量示意图

3. 预热火焰能率

预热火焰的作用是把金属工件加热至金属在氧气中燃烧的温度，并始终保持这一温度，同时还使钢材表面的氧化皮剥离和熔化，便于切割氧流与金属接触。

气割时，预热火焰应采用中性焰或轻微氧化焰。碳化焰因有游离碳的存在，会使切口边缘增碳，所以不能采用。在切割过程中，要注意随时调整预热火焰，防止火焰性质发生变化。

预热火焰能率的大小与工件的厚度有关，工件越厚，火焰能率应越大，但在气割时应防止火焰能率过大或过小的情况发生。如在气割厚钢板时，由于气割速度较慢，为防止割缝上缘熔化，应相应使火焰能率降低；若此时火焰能率过大，会使割缝上缘产生连续珠状钢粒，甚至熔化成圆角，同时还造成割缝背面黏附熔渣增多，而影响气割质量；如在气割薄钢板时，因气割速度快，可相应增加火焰能率，但割嘴应离工件远些，并保持一定的倾斜角度；若此时火焰能率过小，使工件得不到足够的热量，就会使气割速度变慢，甚至使气割过程中断。

4. 割嘴与工件间的倾角

割嘴倾角的大小主要根据工件的厚度来确定。一般气割 4 mm 以下的钢板时，割嘴应后倾 25° ~ 45°；气割 4 ~ 20 mm 厚的钢板时，割嘴应后倾 20° ~ 30°；气割 20 ~ 30 mm 厚的钢板时，割嘴应垂直于工件；气割大于 30 mm 厚的钢板时，开始气割时应将割嘴前倾 20° ~ 30°，待割穿后再将割嘴垂直于工件进行正常切割，当快割完时，割嘴应逐渐向后倾斜 20° ~ 30°。割嘴与工件间的倾角示意图如图 1-5 所示。

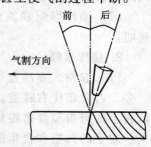

图 1-5 割嘴与工件间的倾角示意图

割嘴与工件间的倾角对气割速度和后拖量产生直接影响，如果倾角选择不当，不但不能提高气割速度，反而会增加氧气的消耗量，甚至造成气割困难。

5. 割嘴离工件表面的距离

通常火焰焰芯离开工件表面的距离应保持为 3～5 mm 这样加热条件最好，而且渗碳的可能性也最小。如果焰芯触及工件表面，不仅会引起割缝上缘熔化，还会使割缝渗碳的可能性增加。

一般来说，切割薄板时，由于切割速度较快，火焰可以长些，割嘴离开工件表面的距离可以大些；切割厚板时，由于气割速度慢，为了防止割缝上缘熔化，预热火焰应短些，割嘴离工件表面的距离应适当小些，这样，可以保持切割氧流的挺直度和氧气的纯度，使切割质量得到提高。

二、操作要领

1. 切割顺序及注意事项

（1）通透割炬的射吸能力，其方法为先接上氧气管，打开乙炔阀和氧气阀（此时乙炔管与割炬应脱开），用手指轻轻接触割炬上乙炔进气口处，如有吸力，说明射吸能力良好。接上乙炔气管时，应先检查乙炔气流是否正常，然后接上。

（2）根据工件的厚度，选择适当的割炬和割嘴。

（3）工作地点要有足够的水，供冷却焊嘴用。当割炬由于强然加热而发出"噼啪"炸鸣气时，必须立即关闭乙炔供气阀门并将割炬放入水中进行冷却。注意最好不关氧气阀。

（4）短时间休息，必须把割炬的阀门闭紧，不准将割具放在地上。较长时间休息或离开工作地点时，必须熄灭割炬，关闭气瓶球形阀，除去减压气的压力，放出管中余气，并取掉乙炔发生器的浮筒或停止供水，然后收拾软管和工具。

（5）割炬点燃操作规程：

① 点火前，急速开启割炬阀门，用氧吹风，以检查喷嘴的出口，但不要对准脸部试风。无风时不得使用。

② 对于射吸式割炬，点火时，应先微微开启割炬上的氧气阀，再开启乙炔阀，然后送到灯芯或火柴上点燃，再调节两把手阀门来控制火焰。

（6）熄灭火焰时，割炬应先关切割氧，再关乙炔和预热氧气阀门。当回火发生后，胶管或回火防止器上喷火，应迅速关闭焊炬上的氧气阀和乙炔阀，再关上一级氧气阀和乙炔阀门，然后采取灭火措施。

（7）操作焊炬和割炬时，不准将橡胶软管背在背上操作。禁止使用割炬的火焰来照明。

2. 操作要领

（1）起割。要注意气割姿势，一般采用以下操作姿势。双脚呈外八字形蹲在工件的一旁，右臂靠住右膝盖，左臂悬空在两脚中间，以便移动割炬。右手握住割炬手柄，并以右手的拇指和食指控制预热氧的阀门，便于调整预热火焰和当回火时及时切断预热氧气。左手的拇指和食指握住切割氧气的阀门，同时起掌握方向的作用，其余三指平稳地拖住混合气管。操作时上身不要弯的太低，呼吸要有节奏，眼睛应注视工件、割嘴和割线。

开始切割时，应先预热钢板的边缘，待边缘呈现亮红色时，将火焰局部移出边缘线以外，同时慢慢打开切割氧气阀门。当看到被预热的红点在氧气流中被吹掉时，进一步开大切割氧气阀门，看到割件背面飞出明亮的氧化金属渣时，证明割件已被割透，此时应根据割件的厚度以适当的速度从右向左移动进行切割。

对于中厚钢板，应由割件边缘棱角处开始预热，要准确控制割嘴与割件间的垂直度，将割件预热到切割温度时，逐渐开大切割氧压力，并将割嘴稍向气割方向倾斜 5°～10°。当割件边缘全部割透时，再加大切割氧流，并使割嘴垂直于工件，进入正常气割过程。

（2）正常气割过程。起割后，为了保证割缝的质量，在整个气割过程中，割炬移动要均匀，割嘴离割件表面要保持一定的距离。若身体需要更换位置，应先关闭切割氧气阀门，待身体的位置移好后，再将割嘴对准待割处，适当加热，然后慢慢打开切割氧气阀门，继续向前切割。

在气割过程中，有时因割嘴过热或氧化铁的飞溅，使割嘴堵塞或乙炔供应不足时，出现爆鸣和回火现象。此时，必须迅速关闭乙炔阀门，再关闭氧气阀门。以上处理正常后，才允许重新点火工作。

（3）停割。气割过程临近终点时，割嘴应沿气割方向的反方向倾斜一个角度，以便钢板的下部提前割断，使割缝在收尾处整齐美观，当达到终点时，应迅速关闭切割氧气的阀门并将割炬抬起，再关闭乙炔阀门，最后关闭预热氧阀门。松开减压器调节螺钉，将氧气放出。停割后，要仔细清除割缝边缘的挂渣，便于以后的加工。结束工作时，应将减压气卸下并将乙炔供气阀门关闭。

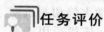 **任务评价**

任务评价的内容如表 1-4 所示。

表 1-4 切割的允许偏差

检测项目	允许偏差	实测
零件宽度、长度	±2.0 mm	
切割面平面度	0.05t 且不大于 1.5 mm 0.05t≤1.5 mm	
割纹深度	0.3 mm	
局部缺口深度	1.0 mm	

注：t 为切割面厚度。

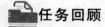 **任务回顾**

（1）简述气割的基本原理和特点。

（2）简述氧-乙炔火焰的种类及应用场合。

（3）简述气割的操作要领。

任务二　半自动火焰切割

学习目标

1. 知识目标

（1）了解半自动火焰切割机的结构及基本原理。

（2）掌握半自动火焰切割机切割时火焰的调节方法。

2. 技能目标

掌握半自动火焰切割机的操作方法和要领。

3. 素质目标

（1）树立学生对企业员工的角色意识，确立基本的职业态度。

（2）通过分组学习，锻炼学生的团队协作意识。

任务描述

用半自动火焰切割机切割母材并开 60° 的坡口。

知识准备

1. 半自动火焰切割机的用途及特点

半自动火焰切割机系使用中压乙炔（或丙烷）和高压氧气，切割厚度大于 5 mm 的钢板作直线切割为主的多用途气割机，同时也可以作圆周切割及斜面切割和 V 行切割。在一般情况下切割后表面粗糙度 Ra 可达 12.5 μm，可不再进行切削加工。半自动火焰切割机结构紧凑，操作方便，使用安全，所需辅助时间短，可以大大提高工作效率。该机适用于造船、机械、钢结构、建筑等行业，也适用于其他大中小型企业切割钢板之用。现市场上主要用 CG1-30 型半自动火焰切割机，如图 1-6 所示。

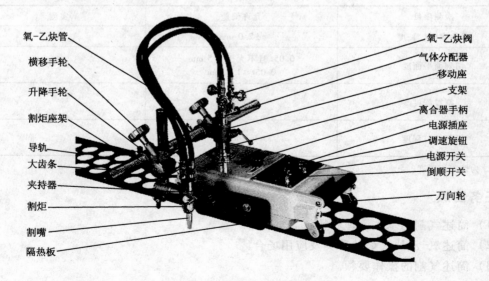

图 1-6　CG1-30 型半自动火焰切割机

2. 半自动火焰切割机结构

（1）机身采用铝合金制成，具有重量轻、强度高及耐腐蚀等优点。

（2）电机及减速机构。该机采用直流伺服电动机驱动，外形尺寸小且经久耐用，可作顺逆方向旋转。输出功率为 24W，它直接与齿轮减速机构相连接，以带动滚轮转动减速机构采用三级减速传动。其总速比为 1：1 035。

（3）速度控制。该机系通过阻容异相控制可控硅整流器开放角大小来实现电动机的无级调速。工作时只需旋转 4.7kΩ 电位器的旋钮则可使切割速度在 50 ~ 750 mm/min 范围内做无级调速。

（4）割炬部分由割炬氧化乙炔分配器、横移杆、割嘴、升降机构等部件组成。由于齿轮和齿条的传动，割嘴可以左右上下移动，调节比较方便。割炬松开夹紧螺钉可以在 ±45° 范围内作回转。

（5）导轨部分。导轨有凹导轨和凸导轨两种形式，导轨端面有接口，供导轨接长用。

3. 主要技术规范

（1）切割板材厚度：5 ~ 70 mm。

（2）机器调速范围：50 ~ 750 mm/min（无级调速）。

（3）切割圆周直径：最小为 200 mm，最大为 2 000 mm。

4. 使用割嘴规格表

使用的割嘴的编号和参数如表 1-5 所示。

表 1-5　割炬编号及参数

割嘴编号	切割厚度/mm	氧气压力/MPa	乙炔压力/MPa	切割速度/（mm/min）
00	5 ~ 10	0.20 ~ 0.30	> 0.03	600 ~ 450
0	10 ~ 20			480 ~ 380
1	20 ~ 30	0.25 ~ 0.35		400 ~ 320
2	30 ~ 50			350 ~ 280
3	50 ~ 70	0.3 ~ 0.4	> 0.04	300 ~ 240
4	70 ~ 90			260 ~ 200
5	90 ~ 120	0.4 ~ 0.5		210 ~ 170

材料准备

（1）试件材料：Q235。

（2）试件尺寸：根据实际材料情况定。

（3）气割设备及工具：氧气瓶、减压器、乙炔瓶、气管、CG1-30 半自动火焰切割机。

（4）辅助工具：护目镜、点火枪、通针、钢丝刷等。

任务实施

一、工艺参数选择

（1）预热及切割火焰应采用中性焰。

（2）半自动切割工艺参数采用表1-6所示参数。

表1-6　半自动切割工艺参数

割嘴号码	氧气压力/MPa	乙炔压力/MPa	切割速度/（mm/min）
2	0.69~0.78	>0.3	500~350

二、操作要领

（1）清理。将钢板表面的杂质清除干净，放置在切割架上。

（2）画线。按所需切割零件的形状画好切割线。

（3）放好导轨。把切割机放在导轨上。导轨两头都要对齐。

（4）连接输气管。区分氧气管和乙炔管。

（5）打开气阀。打开氧气控制阀和乙炔控制阀，确认气瓶气压和输出气压，以保证供气充足和节约。

（6）点火。打开燃气和预热氧，使用打火机从侧面点火。

（7）调火、预切割。点着火后，调节氧气和燃气，同时调大，直至火焰呈蓝白色，焰长150~200mm。将切割车推到板材边缘，让火焰对板材边缘进行预热。开始切割前，先预热钢板的边缘，1~2min后钢板预热处呈红色时，打开切割氧气阀，当氧化铁渣随氧气流一起飞出时，证明已割透，按下行走按钮，开始试切割。

当试切割至10~20mm处，应及时关闭切割氧并把割炬反向行走至钢板端部外。检查钢板的宽度尺寸是否符合要求。若不符合，应对割炬的位置进行适当调整。

（8）正式切割。板材边缘被吹透后就可以将切割机的行走方式打到"机动位"，让切割机自动切割，直至割断板材。切割缝的大小平整和收锋的关系非常大。并不是切割氧开的越大，缝越小。同时跟割嘴关系也很大，割缝跟燃气大小和氧气大小有密切关系。

三、维护与保养

（1）切割机应放在干燥处避免受潮，室内空气不应有腐蚀性的气体。

（2）切割机的减速齿轮箱，每半年加一次润滑油。

（3）在下雨天切不可在室外使用，以防电器受潮。

（4）使用前做好清理检查工作，机身割距运动的各部件必须调整运动间隙不能松动，同时检查紧固件有无松动现象，及时紧固。

（5）养成随手关闭电源开关的习惯，操作人员休息或长时间离开机器时，必须关断电源以免电动机过热烧坏。

（6）必须有专人负责使用和维护保养，以及定期检查检修。

（7）在操作转换开关时，必须使机器停止后才可换向，如果突然改变旋转方向会损坏电动机，影响其使用寿命。

四、切割机的回火现象、原因及解决方法

1. 回火原因

切割机的回火现象比较常见一般有以下几个原因：

（1）切不透，返渣堵割嘴造成回火。

（2）轨道不平，轨道梁脱焊造成切割车出轨回火。

（3）皮管漏气，气体压力太低造成回火。

（4）切割速度太快，没有切透，造成回火。

2. 处理方法

首先要检查皮管，每天交接班时检查皮管是否漏气。皮管在距割炬 2m 内不得有结扎连接，防止火星飞溅，连接的皮管应紧密、不可漏气。然后检查各气的压力是否达到标准，检查割嘴是否完好可用；检查切割机的轮子和轨道是否正常；检查割嘴和铸坯的距离（10 ~ 15 mm）切割臂是否锁紧等。

切割中回火很明显的现象就是返渣。处理方法是在火还未熄灭的时候，及时关闭切割氧，停止切割车的行走。手动将切割车推到返渣之前的位置或直接推到铸坯的另一头重新开始切割。若回火将割嘴堵了，造成烧割嘴，应迅速关闭燃气、切割氧、预热氧，然后更换割嘴，重新开始切割。在没有切透的地方尽量调慢速度。切割过程中要特别注意别让皮管电缆成为切割机行走的障碍，导致切割机出轨。

任务评价

任务评价的内容如表 1-7 所示。

表 1-7　切割的允许偏差

检测项目	允许偏差	实测
零件宽度、长度	±2.0 mm	
切割面平面度	0.05t 且不大于 1.5 mm 0.05t≤1.5 mm	
割纹深度	0.2 mm	
局部缺口深度	1.0 mm	

注：t 为切割面厚度。

任务回顾

（1）半自动切割的操作要领。

（2）简述切割机的回火现象、原因及解决方法。

任务三　板对接平焊

学习目标

1. 知识目标

（1）了解气焊的基本原理及焊炬的作用。

（2）掌握气焊的操作方法。

2. 技能目标

掌握气焊的操作要领。

3. 素质目标

（1）树立学生对企业员工的角色意识，确立基本的职业态度。

（2）通过分组学习，锻炼学生的团队协作意识。

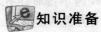 **任务描述**

将 12 mm × 300 mm × 400 mm 两块钢板用对接平焊。

知识准备

一、气焊的基本原理和适用范围

1. 气焊的概念

气焊是利用可燃气体与助燃气体混合燃烧的火焰去熔化工件接缝处的金属和焊丝而达到金属间牢固连接的方法。这是利用化学能转变成热能的一种熔化焊接方法。它具有设备简单、操作方便、实用性强等特点。因此，在各工业部门的制造和维修中得到了广泛的应用。

气焊所用的可燃气体主要有乙炔（C_2H_2）、液化石油气、丙烷（C_3H_8）、丁烷（C_4H_{10}）、丙烯（C_3H_6）和氢气（H_2）等。氧气（O_2）为助燃气体。

气焊应用的设备及工具包括氧气瓶、乙炔瓶（或乙炔发生器）、回火防止器、焊炬、减压器及氧气输送管、乙炔输送管等。这些设备器具在工作时的应用情况如图 1-7 所示。

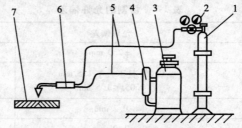

图 1-7　气焊应用的设备和器具

1—氧气瓶；2—减压器；3—乙炔发生器；4—回火防止器；
5—气管；6—焊炬；7—焊件

气焊用的焊丝起填充金属的作用，焊接时与熔化的母材一起组成焊缝金属。因此，应根据工件的化学成分、力学性能选用相应成分或性能的焊丝，有时也可用以被焊板材上切下的条料作焊丝。

焊接有色金属、铸铁和不锈钢时，还应采用焊粉（熔剂），用以消除覆盖在焊材及熔池表面上的难溶的氧化膜和其他杂质，并在熔池表面形成一层熔渣，保护熔池金属不被氧化，排除熔池中的气体、氧化物及其他杂质，提高熔化金属的流动性，使焊接顺利并保证质量和成形。

气焊主要应用于薄钢板、低熔点材料（有色金属及其合金）、铸铁件、硬质合金刀具等材料的焊接，以及磨损、报废零件的补焊，构件变形的火焰矫正等。

2. 气焊的优缺点

气焊的优点：设备简单、使用灵活；对铸铁及某些有色金属的焊接有较好的适应性；在电力供应不足的地方需要焊接时，气焊可以发挥更大的作用。其缺点：生产效率较低；

焊接后工件变形和热影响区较大；较难实现自动化。

二、焊炬的作用和分类

焊炬又称焊枪，是气焊操作的主要工具。焊炬的作用是将可燃气体和氧气按一定比例均匀地混合，以一定的速度从焊嘴喷出，形成一定能率、一定成分、适合焊接要求和稳定燃烧的火焰。焊炬的好坏直接影响气焊的焊接质量，因而要求焊炬应具有良好的调节氧气与可燃气体的比例和火焰能率的性能，使混合气体喷出的速度等于或大于燃烧速度，以使火焰稳定地燃烧。同时还要求焊炬的重量要轻，使用时应操作方便、安全可靠。

焊炬按可燃气体与氧气的混合方式分为等压式和射吸式两类；按尺寸和重量分为标准型和轻便型两类；按火焰的数目分为单焰和多焰两类；按可燃气体的种类分为乙炔、氢气、汽油等类；按使用方法分为手用和机械两类。

目前国产的焊炬均为射吸式，下面介绍射吸式焊炬的构造，图1-8所示为目前使用较广的H01-6型射吸式焊炬的构造，它主要由乙炔调节手轮、氧气调手轮、焊嘴、乙炔导管和氧气导管等部分组成。

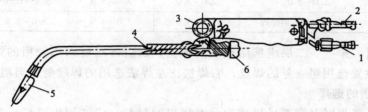

图1-8　H01-6型射吸式焊炬的构造
1—氧气导管；2—乙炔导管；3—乙炔调节手轮；4—混合气管；
5—焊嘴；6—氧气调节手轮

材料准备

（1）试件材料：Q235。

（2）试件尺寸：根据实际材料情况定。

（3）气焊设备及工具：氧气瓶、减压器、乙炔瓶、气管、焊炬。

（4）辅助工具：护目镜、点火枪、通针、钢丝刷等。

任务实施

一、装配定位

板对接气焊试板装配尺寸如表1-8所示。

表1-8　试板装配尺寸

坡口角度/(°)	装配间隙/mm	钝边/mm	反变形量/(°)	错边量/mm
60	2.0 ~ 3.0	0.5 ~ 1	3	≤0.5

二、工艺参数

气焊的焊接工艺参数包括焊丝的牌号和直径、熔剂、火焰种类、火焰能率、焊炬型号和焊嘴的号码、焊嘴倾角和焊接速度等。

下面对一般的气焊工艺参数（即焊接规范）及其对焊接质量的影响分别说明如下：

1. 焊丝直径的选择

焊丝的直径应根据焊件的厚度、坡口的形式、焊缝位置、火焰能率等因素确定。在火焰能率一定时，即焊丝熔化速度在确定的情况下，如果焊丝过细，则焊接时往往在焊件尚未熔化时焊丝已熔化下滴，这样，容易造成熔合不良和焊波高低不平、焊缝宽窄不一等缺陷；如果焊丝过粗，则熔化焊丝所需要的加热时间就会延长，同时增大了对焊件的加热范围，使工件焊接热影响区增大，容易造成组织过热，降低焊接接头的质量。

焊丝直径常根据焊件厚度初步选择，试焊后再调整确定。碳钢气焊时焊丝直径的选择可参照表1-9。

表 1-9　焊件厚度与焊丝直径的关系　　　　　　　　　　　　单位：mm

工件厚度	1.0~2.0	2.0~3.0	3.0~5.0	5.0~10.0	10~15
焊丝直径	1.0~2.0 或不用焊丝	2.0~3.0	3.0~4.0	3.0~5.0	4.0~6.0

在多层焊时，第一、二层应选用较细的焊丝，以后各层可采用较粗的焊丝。一般平焊应比其他焊接位置选用粗一号的焊丝，右焊法比左焊法选用的焊丝要适当粗一些。

2. 火焰性质的选择

一般来说，气焊时对需要尽量减少元素烧损的材料，应选用中性焰；对允许和需要增碳及还原气氛的材料，应选用碳化焰；对母材含有低沸点元素〔例如锡（Sn）、锌（Zn）等〕的材料，需要生成覆盖在熔池表面的氧化物薄膜，以阻止低熔点元素蒸发，应选用氧化焰。总之，火焰性质选择应根据焊接材料的种类和性能（见表1-3）。

3. 火焰能率的选择

火焰能率指单位时间内可燃气体（乙炔）的消耗量，单位为 L/h。火焰能率的物理意义是单位时间内可燃气体所提供的能量。

火焰能率的大小是由焊炬型号和焊嘴号码大小来决定的。焊嘴号越大火焰能率也越大。所以火焰能率的选择实际上是确定焊炬的型号和焊嘴的号码。火焰能率的大小主要取决于氧、乙炔混合气体中，氧气的压力和流量（消耗量）和乙炔的压力和流量（消耗量）。流量的粗调通过更换焊炬型号和焊嘴号码实现；流量的细调通过调节焊炬上的氧气调节阀和乙炔调节阀来实现。

火焰能率应根据焊件的厚度、母材的熔点和导热性及焊缝的空间位置来选择。如焊接较厚的焊件、熔点较高的金属、导热性较好的铜、铝及其合金时，就要选用较大的火焰能率，才能保证焊件焊透；反之，在焊接薄板时，为防止焊件被烧穿，火焰能率应适当减少。平焊缝可比其他位置焊缝选用稍大的火焰能率。在实际生产中，在保证焊接质量的前提下，应尽量选择较大的火焰能率。

4. 焊嘴的倾斜角度的选择

焊嘴的倾斜角是指焊嘴中心线与焊件平面之间的夹角。焊嘴的倾斜角度的大小主要是根据焊嘴的大小、焊件的厚度、母材的熔点和导热性及焊缝空间位置等因素综合决定的。当焊嘴倾斜角大时，因热量散失少，焊件得到的热量多，升温就快；反之，热量散失多，焊件受热少，升温就慢。

一般说来，在焊接工件的厚度大、母材熔点较高或导热性较好的金属材料时，焊嘴的倾斜角要选得大一些；反之，焊嘴倾斜角可选得小一些。

焊嘴的倾斜角度在气焊的过程中还应根据施焊情况进行变化。如在焊接刚开始时，为了迅速形成熔池，采用焊嘴的倾斜角度为 80°~90°；当焊接结束时，为了更好地填满弧坑和避免焊穿或使焊缝收尾处过热，应将焊嘴适当提高，焊嘴倾斜角度逐渐减小，并使焊嘴对准焊丝或熔池交替地加热，如图 1-9 所示。

在气焊过程中，焊丝对焊件表面的倾角一般为 30°~40°，与焊嘴中心线的角度为 90°~100°，如图 1-10 所示。

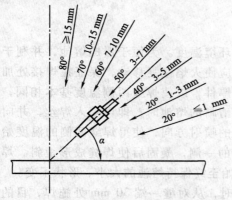

图 1-9　焊嘴倾斜角与焊件厚度的关系

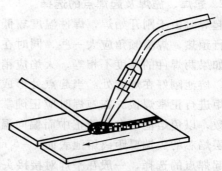

图 1-10　焊嘴与焊丝的相对位置

5. 焊接速度的选择

焊接速度应根据焊工的操作熟练程度，在保证焊接质量的前提下，尽量提高焊接速度，以减少焊件的受热程度并提高生产率。一般说来，对于厚度大、熔点高的焊件，焊接速度要慢一些，以避免产生未熔合的缺陷；而对于厚度薄、熔点低的焊件，焊接速度要快一些，以避免产生烧穿和使焊件过热而降低焊接质量。

三、操作要领

气焊的基本操作方法包括氧—乙炔焰的点燃、调节和熄灭、起焊、焊接过程中焊炬和焊丝的运动、接头和收尾的操作要领；气焊操作时，按照焊炬移动方向和焊炬与焊丝前后位置的不同，气焊的操作方法又可分为左焊法和右焊法两种。

1. 氧-乙炔焰的点燃、调节和熄灭

焊炬的握法，应右手拿焊炬，将拇指和食指位于氧气调节阀处，同时拇指还可以开关、调节乙炔调节阀，随时调节气体的流量。

点燃火焰时，应先稍许开启氧气调节阀，然后再开乙炔调节阀，两种气体在焊炬内混合后，从焊嘴喷出，此时将焊嘴靠近火源即可点燃。点火时，拿火源的手不要正对焊嘴，也不要将焊嘴指向他人或可燃物，以防发生事故。刚开始点火时，可能出现连续"放炮"声，原因是乙炔不纯，需放出不纯的乙炔重新点火。有时出现不易点火的现象，多数情况

是氧气开得过大所致，这时应将氧气调节阀关小。

火焰的调节，刚点燃的火焰一般为碳化焰。这时应根据所焊材料的种类和厚度，分别调节氧气调节阀和乙炔调节阀，直至获得所需要的火焰性质和火焰能率。如将氧气调节阀逐渐开大，直至火焰的内外焰、焰芯轮廓明显时，可认为是中性焰；如再增加氧气或减少乙炔，可得到氧化焰；如增加乙炔或减少氧气则得到碳化焰。如果同时增大乙炔和氧气则可增大火焰能率，如火焰能率仍不够大时，应更换大直径的焊嘴。

调整后的火焰形状不得歪斜或发出"吱吱"的声音。若发现火焰不正常时，要用通针把焊嘴内的杂质清除干净，使火焰正常后才可焊接。有时，由于供给焊炬的乙炔量不均匀，会引起火焰性质不稳定，这时中性焰会自动变成氧化焰或炭化焰。因此，在气焊操作中还应随时注意观察火焰性质的变化，并及时调节氧气调节阀。

火焰的熄灭。需要熄灭火焰时，应先关闭乙炔调节阀，再关闭氧气调节阀。否则，就会出现大量的炭灰（冒黑烟）。

2. 起焊、施焊及起焊点的选择

起焊时由于刚开始焊，焊件温度较低或接近环境温度。为便于形成熔池，并利于对焊件进行预热，焊嘴倾角应大一些，同时在起焊处应使火焰往复移动，保证在焊接处加热均匀。如果两焊件的厚度不相等，火焰应稍微偏向厚件，以使焊缝两侧温度基本相同，熔化一致，熔池刚好在焊缝处。当起点处形成白亮而清晰的熔池时，即可填入焊丝，并向前移动焊炬进行正常焊接。在施焊时应正确掌握火焰的喷射方向，使得焊缝两侧的温度始终保持一致，以免熔池不在焊缝正中而偏向温度较高的一侧，凝固后使焊缝成形歪斜。焊接火焰内层焰芯的尖端要距离熔池表面 3~5 mm，自始至终保持熔池的大小、形状不变。

起焊点的选择，一般在平焊对接接头的焊缝时，从对缝一端 30 mm 处施焊，目的是使焊缝处于板内，传热面积大，当母材金属熔化时，周围温度已升高，从而在冷凝时不易出现裂纹。

3. 焊接过程中焊炬和焊丝的运动

为了控制熔池的热量，获得高质量的焊缝，焊嘴和焊丝应做均匀协调的摆动。焊嘴和焊丝的运动包括三种动作：

（1）沿焊缝的纵向移动，不断地熔化工件和焊丝，形成焊缝。

（2）焊嘴沿焊缝作横向摆动，充分加热焊件，使液体金属搅拌均匀，得到致密性好的焊缝。在一般情况下，板厚增加、横向摆动幅度应增大。

（3）焊丝在垂直焊缝的方向送进，并作上下移动，调节熔池的热量和焊丝的填充量。

同样，在焊接时，焊嘴在沿焊缝纵向移动、横向摆动的同时，还要上下跳动，以调节熔池的温度；焊丝除做前进运动、上下移动外，当使用熔剂时也应做横向摆动，以搅拌熔池。

焊嘴和焊丝的协调运动，使焊缝金属熔透、均匀，又能够避免焊缝出现烧穿或过热等缺陷，从而获得优质、美观的焊缝。焊嘴和焊丝的摆动方法及幅度与焊件厚度、材质、焊缝的空间位置和焊缝尺寸等因素有关。

在气焊过程中填丝的方法，在正常焊接时，不仅应密切注意熔池的形成情况，而且要将焊丝末端置于外层火焰下进行预热。当焊丝熔滴送入熔池后，要立即将焊丝抬起，让火焰向前移动，形成新的熔池，然后再继续向熔池送入焊丝，如此循环形成焊缝。

　　为了获得优质的焊接接头，应使熔池的形状和大小始终保持一致。如果所需火焰能率较大，由于焊接温度高、熔化速度快，这时应使焊丝保持在焰芯的前端，使熔化的焊丝熔滴连续加入熔池；如果所需火焰能率较小，由于熔化速度慢，则填入焊丝的速度也要相应减慢。

4. 接头与收尾操作

　　焊接中途停顿后，又在焊缝停顿处重新起焊和焊接时，把与原焊缝重叠部分称为接头。焊到焊缝的终端时，结束焊接的过程称为收尾。

　　接头时，应用火焰把原熔池重新加热至熔化形成新的熔池后，再填入焊丝重新开始焊接，并注意焊丝熔滴应与熔化的原焊缝金属充分熔合。接头时要与前焊缝重叠 5 ~ 10 mm，在重叠处要注意少加或不加焊丝，以保证焊缝的高度合适和接头处焊缝与原焊缝的圆滑过渡。

　　收尾时，由于焊件温度较高，散热条件也较差，所以应减小焊嘴的倾角，加快焊接速度，并应多加一些焊丝，以防止熔池面积扩大，避免烧穿。收尾时应注意使火焰抬高并慢慢离开熔池，直至熔池填满后，火焰才能离开。总之，气焊收尾时要掌握好倾角小、焊速增、加丝快、熔池满的要领。

　　在气焊的过程中，焊嘴的倾斜角度是不断变化的，一般在预热阶段，为了较快地加热焊件，迅速形成熔池，焊嘴的倾斜角度为 50° ~ 70°；在正常焊接阶段，焊嘴的倾斜角度为30° ~ 50°；在收尾阶段，焊嘴的倾斜角度为 20° ~ 30°。

5. 左焊法和右焊法

　　焊炬从右向左移动，称为左焊法或左向焊；焊炬从左向右移动，称为右焊法或右向焊，如图 1-11所示。

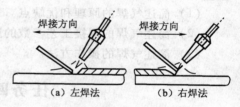

图 1-11　左焊法和右焊法

　　采用左焊法，这时焊炬火焰背着焊缝而指向焊件的未焊部分，并且焊炬火焰跟在焊丝后面运走。左焊法的基本特点是操作简单，容易掌握，适于焊接较薄和低熔点的工件，因而采用较为普遍。但也存在着焊缝金属易氧化，冷却速度较快，热量利用率低的缺点。在采用左焊法时，焊工能很清楚地看到熔池上部凝固边缘，并可以获得高度和宽度均匀的焊缝；由于焊接火焰指向焊件的未焊部分，还对金属起到了预热的作用。一般左焊法用于焊接 5 mm 以下的薄板和低熔点金属，具有较高的生产效率。

　　采用右焊法，这时焊接火焰指向焊缝，并且焊接火焰在焊丝前面移动。采用右焊法时，由于焊接火焰始终对着熔池，形成遮盖使整个熔池和周围空气隔离，所以能防止焊缝金属的氧化，减少气孔和夹渣的产生，同时使熔池缓慢冷却，从而改善了焊缝的组织。再者，由于焰芯距熔池较近以及火焰受到坡口和焊缝的阻挡，使焊接火焰的热量较为集中，火焰能率的利用程度较高，这样使得熔透度大、增加熔深并提高生产率。右焊法的主要缺点是不易掌握和对焊件没有预热作用，故右焊法较少采用。右焊法主要适用于焊接厚度较大或熔点较高的焊件。

任务评价

　　气焊板对接任务评价内容如表 1-10 所示。

表 1-10 自 测 评 分

序号	检测项目	项目要求	配分	评分标准	检测结果	得分
1	焊缝尺寸	焊缝宽度 10~12 mm 高度 1.5~2 mm	30	每超差 1 mm 累计长 50 mm 扣 3 分；每超差 2 mm 累计长 50 mm 扣 5 分；最大宽与最小宽差 >3 mm 累计长 50 mm 扣 8 分；>4 mm 累计长 50 mm 扣 10 分；缝高低差 >2 mm 扣 3 分；>3 mm 扣 5 分		
2	直线度	—	4	焊缝要直，偏离中心线 >8 mm 扣 4 分		
3	焊缝成形	焊缝均匀美观	30	接头、收尾与母材端面不平齐扣 5 分；接头脱节或重叠过高扣 5 分；焊波粗大，高低不平 100 mm 扣 5 分；焊缝两侧与母材过渡不圆滑每 100 mm 扣 5 分；弧坑填充不饱满扣 5 分		
4	焊接缺陷	无夹渣	10	每处夹渣扣 5 分		
		无咬边	10	深 <0.5 mm 每 10 mm 扣 2 分，深 >0.5 mm 每 10 mm 扣 5 分		
		无未熔合	4	每处熔合不良扣 2 分		
5	工具使用	正确使用	4	不正确不得分		
6	安全文明生产	遵守	8	违者不得分		
	总　　分		100	总　得　分		

🚙 任务回顾

（1）简述气焊的原理和优缺点。

（2）简述气焊的焊接工艺参数的选择。

（3）简述气焊的操作方法。

任务四　低碳钢管对接

学习目标

1. 知识目标

（1）了解气焊的设备。

（2）掌握气焊的操作方法。

2. 技能目标

掌握低碳钢管对接操作要领。

3. 素质目标

（1）树立学生对企业员工的角色意识，确立基本的职业态度。

（2）通过分组学习，锻炼学生的团队协作意识。

任务描述

直径为 60 mm，壁厚为 2 mm 两低碳钢管对接气焊。

知识准备

常见的气焊焊接缺陷可分为外部缺陷和内部缺陷两大类。外部缺陷位于焊缝的外表面，一般用肉眼或低倍放大镜即可以发现。常见的外部缺陷包括焊缝尺寸不符合要求、表面气孔、裂纹、咬边、未焊满、凹坑、烧穿和焊瘤等；内部缺陷位于焊缝内部，需用破坏性试验或无损探伤等方法才能发现，如内部气孔、裂纹、夹渣、未焊透、未熔合等。气焊常见缺陷产生原因及防止措施如表 1-11 所示。

表 1-11　气焊常见缺陷及防止措施

缺 陷 类 别	产 生 原 因	防 止 措 施
焊缝超高	在同一焊接点停留时间过长	控制在同一焊接点的烧焊时间
焊缝型面不良	操作不熟练	提高操作技术
焊瘤	焊接气量偏大或火焰能率过大	选用合适的焊接工艺参数
	焊接操作不熟练	提高操作技术
角度偏差	焊件装配不到位	正确装配焊件
	焊接变形	采取控制焊接变形的措施
烧穿	焊接气量偏大或火焰能率过大	选用合适的焊接工艺参数
	在同一焊接点停留时间过长	控制在同一焊接点的停留时间
焊脚不对称	操作不熟练	提高操作技术
气孔	焊件或焊接材料不清洁（有油类、水分、铁锈等杂质）	清除焊件或焊接材料上所有杂质
	气焊火焰调整不合适，焊炬摆动幅度大	气焊时采用中性焰，加强火焰对熔池的保护
下塌	坡口间隙过大	适当调节坡口间距离
	焊速太慢	提高焊工操作技能，焊速须适中

材料准备

（1）试件材料：Q235。

（2）试件尺寸：试件尺寸应根据实际材料情况定。

（3）气焊设备及工具：氧气瓶、减压器、乙炔瓶、气管、焊炬。

（4）辅助工具：护目镜、点火枪、通针、钢丝刷等。

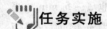

任务实施

一、装配定位

试板装配尺寸如表 1-12 所示。

表 1-12　试板装配尺寸

坡口角度/(°)	装配间隙/mm	钝边/mm	反变形量/(°)	错边量/mm
60	2.0 ~ 3.0	0.5 ~ 1	0	≤0.5

二、工艺参数

气焊的焊接工艺参数见表 1-9 所示。

三、操作要领

1. 表面清理

焊前应将焊件及焊丝表面的油污、铁锈及氧化物等清除干净，可用砂布、锉刀及钢丝刷清理，油污可用汽油清洗。

2. 定位焊

定位焊是一道非常重要的工序，它的好坏直接影响焊接质量。因此焊工操作时应注意以下几点：

（1）定位焊必须采用与正式焊接相同的焊丝和火焰。

（2）焊点起头和收尾应圆滑过渡。

（3）开坡口的焊件定位焊时，焊点高度不应超过焊件厚度的1/2。

（4）定位焊必须焊透，不允许出现未熔合、气孔、裂纹等缺陷。

定位焊点的数量应按接头的形状和管子的直径大小来确定：直径小于70 mm，定位2~3点；直径为100~300 mm，定位4~6点；直径为300~500 mm，定位6~8点。

焊接时的起焊点应在两定位焊点中间。

3. 焊接操作方法

焊接操作方法应根据管子是否可转动而确定。

（1）可转动管子对接焊。由于管子可以自由转动，因此焊缝可控制在水平位置施焊。其操作方法有两种：一是将管子定位焊一点，从定位焊点相对称的位置开始施焊，中间不要停顿，直焊到与起焊点重合为止。另一种是将管子分为两次焊完，即由一点开始起焊，分别向相反的方向施焊。

对于厚壁开有坡口的管子，不能处于水平位置焊接，应采用爬坡焊，若用平焊，则难以得到较大的熔深，焊缝成形也不美观。用左焊法进行爬坡焊时，将熔池安置在与管子水平中心线成50°~70°范围。这样可以加大熔透深度，控制熔池形状，使接头均匀熔透，同时使填充金属的熔滴自然流向熔池下部，焊缝成形快，有利于控制焊缝的高度。爬坡焊可以用右焊法。这时，熔池应控制在与垂直中心线成10°~30°范围内。

对于开坡口的管子，应分三层焊接。

① 第一层焊嘴与管子表面的倾斜角度为45°左右，火焰焰心末端距熔池3~5 mm。当看到坡口钝边熔化后并形成熔池时，立即把焊丝送入熔池前沿，使之熔化填充熔池。焊炬做圆周式摆动，焊丝随焊炬一起向前移动，焊件根部要保证焊透。

② 第二层焊接时，焊炬要作适当的横向摆动。

③ 第三层焊接时，焊接方法同第二层一样，但火焰能率应略小些，使焊缝成形美观。在整个气焊过程中，每一层焊缝要一次焊完，各层的起焊点互相错开约20~30 mm。每次焊接收尾时，要填充弧坑，火焰慢慢离开熔池，以免出现气孔、夹渣等缺陷。

（2）不可转动管子的气焊。不可转动管焊接属多位置施焊。不可转动管的对接气焊，每层焊道均分两次完成。在气焊中，应当灵活地改变焊丝、焊炬和管子之间的夹角，才能保证不同位置的熔池形状，达到既能焊透，又不产生过热和烧穿现象的目的。

不可转动管气焊时，起点和终点处应相互重叠为10~15 mm，以避免起点和终点处产生焊接缺陷。

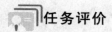 **任务评价**

气焊管对接任务评价内容如表 1-13 所示。

表 1-13 自测评分

序号	检测项目	项目要求	配分	评分标准	检测结果	得分
1	焊缝尺寸	焊缝每侧比坡口增宽 0.5～2.5 mm，余高 0～3 mm	25	焊缝宽每超差 1 mm 扣 3 分；最大缝宽与最小缝宽差 >2 mm 每 50 mm 长扣 3 分；>3 mm 每 50 mm 长扣 5 分；缝高低差 >2 mm 扣 3 分；>3 mm 扣 5 分；余高每超差 0.5 mm 扣 2 分		
2	直线度	管内径85%	20	未通过者不得分		
3	焊缝成形	焊缝均匀美观	15	接头、收尾与母材端面不平齐扣 5 分；接头脱节或重叠过高扣 5 分；焊道重叠过高或有凹沟每 20 mm 长扣 3 分，焊波粗大高低不平每 20 mm 长扣 5 分；焊缝两侧过渡不圆滑每 20 mm 长扣 5 分		
4	焊接缺陷	无焊瘤	5	每处焊瘤扣 3 分		
		无气孔	5	每处气孔扣 3 分		
		咬边 <0.5 mm	10	咬边 >0.5 mm 每 20 mm 扣 3 分，>1 mm 每 20 mm 扣 5 分		
		无未熔合	5	每处熔合不良扣 3 分		
		扰度 <3°	5	工件扰度 >3° 扣 5 分		
5	工具使用	正确使用	5	不正确不得分		
6	安全文明生产	遵守	5	违者不得分		
总　　分			100	总　得　分		

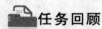 **任务回顾**

简述气焊管对接操作方法。

项目 ❷ 焊条电弧焊

任务一 引弧、收弧及直线焊

学习目标

1. 知识目标

（1）了解手工电弧焊的焊接原理及适用范围。

（2）掌握手工电弧焊的起弧和收弧的方法。

（3）掌握手工电弧焊的接头及收尾方法。

2. 技能目标

（1）掌握手工电弧焊的起弧和收弧的操作要领。

（2）掌握手工电弧焊的接头及收尾的操作要领。

3. 素质目标

（1）树立学生对企业员工的角色意识，确立基本的职业态度。

（2）通过分组学习，锻炼学生的团队协作意识。

任务描述

（1）用手工电弧焊练习引弧和收弧。

（2）用手工电弧焊分多段焊接成一条直线。

知识准备

一、焊条电弧焊基础

1. 焊条电弧焊的焊接过程

首先将电焊机的输出端两极分别与焊件和焊钳连接，如图 2-1 所示。再用焊钳夹持电焊条。焊接时在焊条与焊件之间引出电弧，高温电弧将焊条端头与焊件局部熔化而形成熔池。然后，熔池迅速冷却、凝固形成焊缝，使分离的两块焊件牢固地连接成一整体。焊条的药皮熔化后形成熔渣覆盖在熔池上，熔渣冷却后形成渣壳对焊缝起保护作用上。最后将渣壳清除掉，接头的焊接工作就此完成。

2. 焊条电弧焊设备

焊条电弧焊的主要设备是焊接电源、焊钳、焊接电缆等。

1）焊接电源

焊接过程中，电弧能否稳定燃烧是获得优质焊接接头的主要影响因素之一。焊条电弧焊电源设备的种类很多，常用的是电弧焊变压器（交流）和电弧焊整流器（直流）两大类。

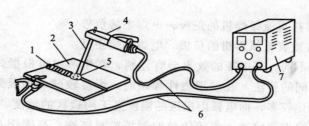

图 2-1 手工电弧焊示意图

1—焊缝；2—焊件；3—焊条；4—焊钳；5—电弧；
6—焊接电缆；7—弧焊电源

（1）交流弧焊机，又称弧焊变压器，是一种特殊的变压器，它把网路电压的交流电变成适宜于弧焊的低压交流电，由主变压器及所需的调节部分和指示装置等组成。交流弧焊机主要有动铁芯式、同体式和动圈式三种。它具有结构简单、易造易修、成本低、效率高、磁偏吹现象很少产生，空载损耗小等优点。但其电流波形为正弦波，输出为交流下降外特性，电弧稳定性较差，功率因数低，一般应用于手弧焊、埋弧焊和钨极氩弧焊等方法。图 2-2 所示为 BX1－400 型交流弧焊机。

（2）直流弧焊机。直流弧焊机是供给焊接用直流电的电源设备，如图 2-3 所示。其输出端有固定的正负之分。由于电流方向不随时间的变化而变化，因此电弧燃烧稳定，运行使用可靠，有利于掌握和提高焊接质量。使用直流弧焊机时，其输出端有固定的极性，即有确定的正极和负极，因此焊接导线的连接有两种接法，如图 2-4 所示。

图 2-2 BX1-400 型交流弧焊机

图 2-3 WS-315 型直流弧焊机

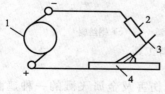

（a）正接法

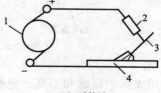

（b）反接法

图 2-4 直流电弧焊的正接与反接

1—焊机；2—焊钳；3—焊条；4—工件

① 正接法。焊件接直流弧焊机的正极，电焊条接负极。

② 反接法。焊件接直流弧焊机的负极，电焊条接正极。

导线的连接方式不同，其焊接的效果会有差别，在生产中可根据焊条的性质或焊件所需热量情况来选用不同的接法。在使用酸性焊条时，焊接较厚的钢板采用正接法，因局部加热熔化所需的热量比较多，而电弧阳极区的温度高于阴极区的温度，可加快母材的熔化，以增加熔深，保证焊缝根部熔透；焊接较薄的钢板或对铸铁、高碳钢及有色合金等材料的焊接，则采用反接法，因不需要强烈的加热，以防烧穿薄钢板。当使用碱性焊条时，按规定均应采用直流反接法，以保证电弧燃烧稳定。

2）电焊钳

电焊钳是手工电弧焊用于夹持电焊条并把焊接电流传输至焊条进行电弧焊的工具，所以要求电焊钳的钳口要有足够的夹紧力和良好的导电性。焊钳外部用绝缘材料制成，具有绝缘和绝热的作用。电焊钳的规格是按照电源的额定焊接电流大小选定，常用的有 300 A 和 500 A 两种。电焊钳的结构如图 2-5 所示。

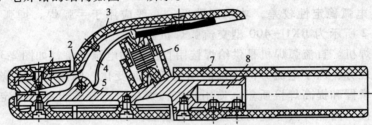

图 2-5　电焊钳的结构

1—钳口；2—固定销；3—弯臂罩壳；4—弯臂；5—直柄；
6—弹簧；7—手柄；8—电缆固定处

3）焊接电缆

焊接电缆常采用多股细铜线电缆，一般可选用 YHH 型电焊橡皮套电缆或 THHR 型电焊橡皮套特软电缆。在焊钳与焊机之间用一根电缆连接，称此电缆为把线（火线）。在焊机与工件之间用另一根电缆（地线）连接。

3. 手弧焊工具

常用的手弧焊工具有焊钳、面罩、清渣锤、钢丝刷等，如图 2-6 所示。

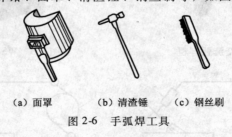

（a）面罩　　　（b）清渣锤　　　（c）钢丝刷

图 2-6　手弧焊工具

（1）面罩是用来保护眼睛和面部，免受弧光伤害及金属飞溅的一种遮蔽工具。面罩分为手持式和头盔式两种。面罩观察窗上装有有色化学玻璃，可过滤紫外线和红外线，在电弧燃烧时能通过观察窗观察电弧燃烧情况和熔池情况，以便于操作。

（2）清渣锤（尖头锤）用来清除焊缝表面的渣壳。

（3）钢丝刷。在焊接之前，用来清除焊件接头处的污垢和锈迹；焊后清刷焊缝表面及飞溅物。

二、引弧与稳弧

1. 引弧

焊条电弧焊时，引燃焊接电弧的过程称为引弧，焊条电弧焊的引弧方法有非接触式引弧和接触引弧两种。

1）非接触式引弧

利用高频电流使电极末端与焊件间的气体导电产生电弧，用这种方法引弧时，电极端部与焊件不发生短路就能引燃电弧。其优点是可靠，引弧时不会烧伤焊件表面，但需要另外增加小功率高压电源，或同步脉冲电源。焊条电弧焊很少采用这种引弧方法。

2）接触式引弧

先使电极与焊件短路，再拉开电极引燃电弧。这是采用焊条电弧焊时最常用的引弧方法，根据操作方法又可以分为以下两种方法：

（1）直击法。先将焊条末端对准引弧处，然后使焊条末端与焊件表面轻轻一碰，然后提起焊条并保持一定距离，电弧随之引燃，如图 2-7 所示。

（2）划擦法。划擦法与划火柴有些相似，先将焊条末端对准引弧处，然后将手腕扭动一下，使焊条在引弧处轻微划擦一下，划动长度为 2 mm 左右，电弧引燃后应立即使弧长保持在所用焊条直径相适应的范围内（2~4 mm），如图 2-8 所示。

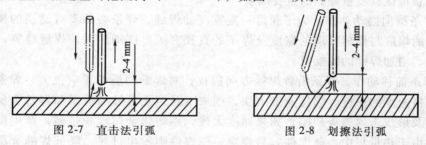

图 2-7　直击法引弧　　　　　　图 2-8　划擦法引弧

以上两种引弧方法相比，划擦法比较容易掌握，但在狭小工作面上火不允许烧伤焊件表面时，应采用直击法。直击法对初学者较难掌握，一般容易发生电弧熄灭或造成电弧短路现象。如果操作时焊条上拉太快或提得太高，都不能引燃电弧或电弧只是燃烧一瞬间就熄灭。相反，动作太慢可能使焊条与焊件粘连在一起，造成焊件回路短路。

为了便于引弧，焊条末端应裸露焊芯，若焊条端部有药皮套筒，可戴焊工手套捏除。引弧时，若焊件和焊条粘连在一起，只要将焊条左右摇动几下，就可以脱离焊件，如果这时还不能脱离焊件，就应及时将焊钳松开，使焊件回路断开，以防短路时间太长烧坏电动机。

2. 稳弧

电弧的稳定性取决于合适的弧长，稳定电弧的方法是在焊接过程中运条要平稳，手不能抖动，焊条要随其不断熔化而均匀地送进，并保证焊条的送进速度与熔化速度基本一致。

三、运条的基本动作及方法

焊接过程中，焊条相对焊缝所做的各种动作总称为运条，运条是整个焊接过程中最重要的环节，它直接影响焊缝的成形和内在质量。

1. 运条的基本动作

当引燃电弧进行施焊时，焊条要有三个方向的基本动作，才能得到良好成形的焊缝。这三个方向的基本动作是焊条送进、焊条横向摆动动作和焊条前移动作，如图2-9所示。

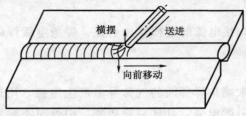

图 2-9　焊条的运动

（1）焊条送进动作。焊条在电弧热的作用下，会逐步熔化缩短，为了保持电弧的长度，必须将焊条朝熔池方向逐渐送进。为了达到这个目的，焊条送进的速度应该与焊条熔化的速度相等。如果焊条送进的速度比焊条熔化的速度慢，则电弧的长度增加，造成断弧；如果焊条送进速度过快，则电弧长度迅速缩短，使焊条与焊件接触，造成短路。

电弧的长度对焊缝质量有极大的影响。一般说来，长弧不稳定，空气易侵入产生气孔，热量不集中，散失大，焊缝熔深较浅，电弧吹力减小，易产生夹渣。因此，一般焊接均宜采用短弧焊，但也不能过短以防焊条接触工件短路，均匀掌握焊条的送进速度，保持电弧长度恒定是获得优良质量焊缝的重要因素。

（2）焊条横向摆动动作。为了获得一定宽度的焊缝，焊条必须要有适当的横向摆动动作，其摆动的幅度与焊缝要求的宽度及焊条的直径有关。摆动越大，焊缝越宽，必然会降低焊接速度，增加焊缝的线能量。

（3）焊条前移动作。焊条沿着焊接方向前移，对焊缝的质量影响很大，焊条前移的快慢表示着焊接速度的快慢。焊接速度太快，则来不及熔化足够的焊条和焊件金属，造成焊缝断面太小及形成未焊透等缺陷；如果速度太慢，则熔化金属堆积过多，产生溢流及成形不良，同时由于热量集中，薄焊件容易烧穿，厚焊件则发生过热，降低焊缝金属的综合性能。因此焊条前移的速度应根据电流大小、焊条直径、焊件厚度、装配间隙、焊缝位置及焊件材质等不同条件来适当掌握。

2. 运条方法

运条方法就是焊工在焊接过程中，对焊条运动的手法。它与焊条角度及焊条运动三动作共同构成了焊工操作技术，都是能否获得优良焊缝的重要操作因素。下面介绍几种常见的运条方法及适用范围。

（1）直线形运条方法。在焊接时保持一定的弧长，沿着焊接方向不做横向摆动的前移，如图2-10所示 。由于焊条不作横向摆动，电弧较稳定，能获得较大熔深，焊速也较快，对于怕过热焊件及薄板的焊件有利，但焊缝比较窄。这种方法适用于板厚3～5 mm的不开坡口对接平焊，多层焊的第一层和多层多道焊。

（2）直线往返形运条法。焊条末端沿焊缝方向做来回

图 2-10　直线形运条

的直线形摆动，如图 2-11 所示。在实际操作中，电弧长度是变化的。焊接时应保持较短的电弧，焊接一小段后，电弧拉长，向前挑动，待熔池稍凝，又回到熔池继续焊接。这种方法优点是速度快、焊缝窄、散热快，适用于薄板和对接间隙较大的底层焊接。

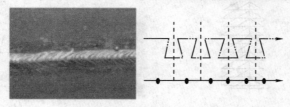

图 2-11　直线往返形运条

（3）锯齿形运条法。在焊条末端向前运动的同时做锯齿形连续摆动，如图 2-12 所示，并在两边稍加停顿，停顿时间与工件的厚度、电流的大小、焊缝宽度及焊接位置有关，主要保证两侧熔化良好，且不产生咬边。左右摆动是为了控制熔化金属的成形及得到所需焊缝的宽度。这种运条方法操作容易，在实际操作中应用较广，多用于厚板的焊接。

图 2-12　锯齿形运条

（4）月牙形运条法。月牙形运条法在实际焊接中应用也较为广泛，操作与锯齿形运条法相似，只是焊条末端摆动的形状为月牙形，如图 2-13 所示。为了使焊缝两侧熔合良好又避免咬肉，要注意月牙尖端的停留时间。月牙形运条法焊出来的焊缝较高，熔化金属向中间集中，所以不适用于焊缝宽度较小的立焊缝。月牙形运条法对熔池加热时间较长，金属熔化良好，容易使熔池中的气体析出和熔渣浮出，不易造成气孔及夹渣，焊缝质量较高。

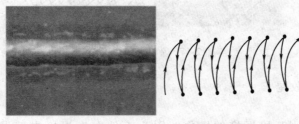

图 2-13　月牙形运条

（5）三角形运条法。焊条末端在前移时做连续的三角形运动。根据适用场合不同，可分为斜三角形和正三角形两种。

① 正三角形运条法适用于开坡口的对接接头和 T 形接头的立焊，尤其是内层受坡口两侧斜面的限制，宽度较小的时候，在三角形折角处也要稍加停顿，使焊缝两侧熔化充分，避免产生夹渣，同时也能得到焊缝截面较大的焊缝，如图 2-14 所示。

② 斜三角形运条法适用于除了立焊外的角接焊缝和有坡口的对接横焊缝。其优点是能借焊条的不对称摆动来控制熔化金属，借以得到良好的焊缝成形，如图 2-15 所示。

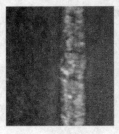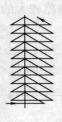

图 2-14　正三角形运条

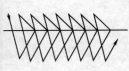

图 2-15　斜三角形运条

（6）圆圈形运条法。焊条末端在前移的同时做圆圈形运动，根据焊缝位置不同，有正圆形和斜圆形两种。

① 正圆圈形运条法适合于焊接较厚工件的平焊缝。其优点是熔池高温时间停留长，使熔池中的气体和熔渣都易于排出，如图 2-16 所示。

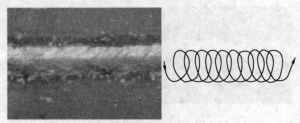

图 2-16　正圆圈形运条

② 斜圆圈形运条法适用于除立焊以外的角接焊缝，与斜三角形运条法相似，有利于控制熔化金属的成形，如图 2-17 所示。

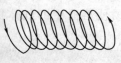

图 2-17　斜圆圈形运条

3. 起头、接头及收尾

1）焊缝的起头

焊缝的起头就是刚开始焊接的操作。因为工件在未焊接之前温度较低，引弧后电弧不能立即稳定下来，所以起头部分往往容易出现气孔、未熔透、宽度不够及焊缝堆积过高等缺陷，为了避免和减少这种现象，应该在引弧后稍将电弧拉长，对焊缝端头进行适当的预热，并且多次往复运条，达到熔深和所需要宽度后再调到合适的弧长进行焊接。

对环行焊缝的起头，因为焊缝末端要在这里收尾，所以不要求外形尺寸，而主要要求焊透、熔合良好，同时要求起头处要薄一些，以便于收尾时过渡良好。

2）焊缝的接头

后焊焊缝与先焊焊缝的连接处称为焊缝的接头。在手工电弧焊操作中，由于受焊条长度限制，焊缝的接头是不可避免的，焊缝接头的好坏，不仅影响焊缝外观的成形，也影响焊缝质量。焊缝的接头情况有以下四种：

（1）中间接头。后焊的焊缝从先焊的焊缝尾部开始焊接。接头一般在弧坑前约 10 mm 处引弧，然后移到原弧坑位置进行焊接，如图 2-18 所示。用酸性焊条时，引燃电弧后可稍拉长些电弧，待移到接头位置时压低电弧；用碱性焊条时，电弧不可拉长，否则容易出现气孔。用这种方法时，必须准确掌握接头部位，接头部位过于靠后，会出现焊肉重叠高起现象；如果接头部位靠前又会出现脱节凹陷。在焊接时更换焊条的动作越快越好，当熔池温度没有完全冷却时，能增加电弧的稳定性，保证和前焊缝的结合性能，减少气孔，并且接头美观。

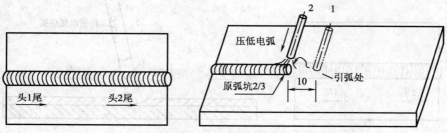

图 2-18　中间接头

在进行底层焊时，为保证接头处焊透，特别要将熔池前端重新熔化，然后再将焊条移至熔池后部进行焊接接头。如果前焊缝的熄弧处呈凸形，应将凸起部分除去，加工成斜坡形，再进行接头。

（2）相背接头。两焊缝的起头相接，要求先焊焊缝的起头处略低些，后焊的焊缝必须在先焊焊缝始端稍前处引弧，然后拉长电弧将电弧逐渐引向先焊焊缝的始端，并覆盖先焊焊缝的端头，待焊平后，再向焊接方向移动，如图 2-19 所示。

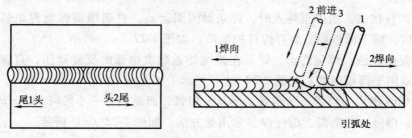

图 2-19　相背接头

（3）相向接头。两焊缝的收尾处相接，当后焊的焊缝焊到先焊焊缝收弧处时，焊接速度应稍慢些，填满先焊焊缝的弧坑后，以较快的速度再向前焊一段，然后熄弧，如图 2-20所示。

（4）分段退焊接头。先焊焊缝的起头和后焊焊缝的收尾相接。要求后焊的焊缝焊至先焊焊缝始端时，改变焊条角度，使焊条指向先焊焊缝的始端，并拉长电弧，待形成熔池后，再压低电弧，往回移动，最后返回原来熔池处收弧，如图 2-21 所示。

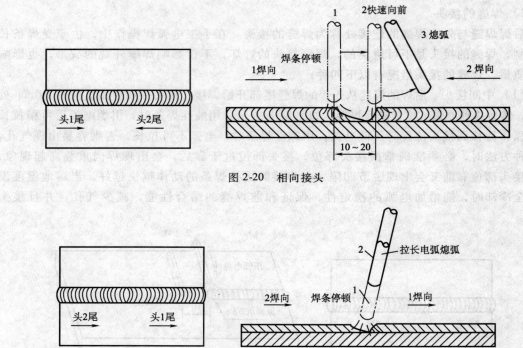

图 2-20　相向接头

图 2-21　分段退焊接头

3）焊缝的收尾

焊缝的收尾是指焊缝结束时的操作，与每根焊条焊完时的熄弧不同，每根焊条焊完时的熄弧，一般都留下弧坑，准备下一根焊条再焊时接头。焊缝收尾的操作时需要填满弧坑，过深的弧坑不仅影响美观，还会使焊缝收尾处产生缩孔，应力集中而产生裂纹。过快拉断电弧，液态金属中的气体来不及逸出，还易产生气孔等缺陷。为克服弧坑缺陷，可采用下述三种方法收弧。

（1）划圈收尾法。当焊至终点时，焊条做圆圈运动，直到填满弧坑再熄弧。此方法适用于厚板焊接，用于薄板则有烧穿焊件的危险，如图 2-22（a）所示。

（2）反复断弧法。焊至终点，焊条在弧坑处做数次熄弧的反复动作，直到填满弧坑为止。此方法适用于薄板焊接，如图 2-22（b）所示。

（3）回焊收尾法。当焊至结尾处，不马上熄弧，而是回焊一小段（约 5 mm）距离，待填满弧坑后，慢慢拉断电弧。碱性焊条常用此方法，如图 2-22（c）所示。

（a）划圈收尾法　　　（b）反复断弧收尾法　　（c）回焊收尾法

图 2-22　焊段收尾法

材料准备

（1）试件材料：Q235。

（2）试件尺寸：根据实际材料情况定。

（3）电弧焊设备及工具：WS－315 焊机 1 台、酸性焊条若干根。

（4）辅助工具：护目镜、钢丝刷等。

任务实施

1. 平焊操作过程

焊工在平焊时，一般采用蹲式操作，蹲式操作姿势要自然，两脚夹角为 70°～85°，距离约 240～260 mm，如图 2-23 所示。持焊钳的胳膊半伸开，悬空操作。夹持焊条时，要将焊条的夹持端夹在焊钳的夹口夹持槽内。

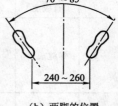

（a）蹲式操作姿势　　　　　（b）两脚的位置

图 2-23　焊工平焊的操作姿势

2. 确定焊接参数

选择直径为 3.2 mm 的 E4303（J422）的焊条，焊接电流为 90～120 A。

3. 注意事项

（1）焊接前先用钢丝刷等工具将工件表面清理干净，直至露出金属光泽。为了便于焊接，可用直尺在工件表面画上直线。

（2）焊钳应放在工件旁边且不能与工件接触，以防启动焊机后造成短路。

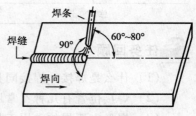

图 2-24　焊条角度

（3）引弧起头后，焊条角度为与焊缝两侧成 90°夹角，与焊接方向成 60°～80°夹角，采用短弧（≤焊条直径）进入正常焊接，如图 2-24 所示。在焊接过程中如出现焊条送进速度慢于焊条熔化速度而导致长电弧现象，将造成焊缝成形不美观且两侧飞溅严重。

（4）焊条的前进速度要适当，如前进速度过快，将导致焊缝低而窄且熔合不良；焊条前进速度过慢，将导致焊缝粗大；焊条前进速度时快时慢，将导致焊缝宽度和熔深不一致，如图 2-25 所示。

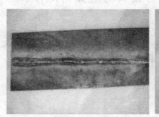

（a）焊接速度过快　　　　　（b）焊接速度不均匀

图 2-25　焊缝成形不良

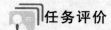

任务评价

任务评价的内容如表 2-1 所示。

表 2-1 自测评分

序号	检测项目	项目要求	配分	评分标准	检测结果	得分
1	焊缝尺寸	焊缝宽度 5～7 mm（直线形运条），宽度 10～12 mm（锯齿形运条），高度 1.5～2 mm	30	每超差 1 mm 累计长 50 mm 扣 3 分；超差 2 mm 累计长 50 mm 扣 5 分；最大宽与最小宽差 >3 mm 累计长 50 mm 扣 8 分；>4 mm 累计长 50 mm 扣 10 分；缝高低差 >2 mm 扣 3 分；>3 mm 扣 5 分		
2	直线度		4	焊缝要直，偏离中心线 >8 mm 扣 4 分		
3	焊缝成形	焊缝均匀美观	30	接头、收尾与母材端面不平齐扣 5 分；接头脱节或重叠过高扣 5 分；焊波粗大，高低不平每 100 mm 扣 5 分；焊缝两侧与母材过渡不圆滑每 100 mm 扣 5 分；弧坑填充不饱满扣 5 分		
4	焊接缺陷	无夹渣	10	每处夹渣扣 5 分		
		无咬边	10	深 <0.5 mm 每 10 mm 扣 2 分，深 >0.5 mm 每 10 mm 扣 5 分		
		无未熔合	4	每处熔合不良扣 2 分		
5	工具使用	正确使用	4	不正确不得分		
6	安全文明生产	遵守	8	违者不得分		
	总 分		100	总 得 分		

任务回顾

（1）什么是焊接？焊接同其他方法相比较，具有什么优点？

（2）焊接位置有几种？常用焊接接头形式有哪些？

（3）焊条电弧焊的常用工具有哪些？各具有什么作用？

（4）焊条电弧焊常采用何种操作姿势？两脚的夹角为多少度？

（5）焊条三个基本动作是什么？每个动作各有什么作用？

（6）焊条电弧焊常用的运条方法有哪些？每种运条方法适用于什么情况的焊接？

（7）焊条电弧焊的接头形式有哪些？每种接头时应如何操作？

（8）焊条电弧焊的收尾方式有哪些？

任务二 板对接平焊

学习目标

1. 知识目标

（1）了解焊条的组成、分类、型号和牌号的区分。

（2）掌握手工电弧焊的焊条的选用原则。

（3）掌握手工电弧焊的常用焊接参数的选择原则。

2．技能目标

（1）掌握手工电弧焊的板对接平焊的装配和点焊技术。

（2）掌握手工电弧焊的板对接平焊的操作要领。

3．素质目标

（1）树立学生对企业员工的角色意识，确立基本的职业态度。

（2）通过分组学习，锻炼学生的团队协作意识。

任务描述

厚 12 mm 的 V 形坡口对接平焊实作图样如图 2-26 所示。

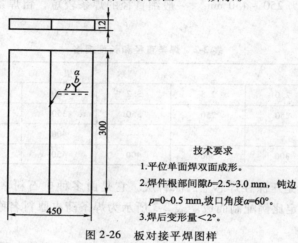

技术要求

1.平位单面焊双面成形。

2.焊件根部间隙 b=2.5~3.0 mm，钝边 p=0~0.5 mm，坡口角度 α=60°。

3.焊后变形量<2°。

图 2-26　板对接平焊图样

知识准备

一、电焊条

电焊条（简称焊条）是涂有药皮的供手弧焊用的熔化电极。

1．焊条的组成及作用

焊条是由焊芯和药皮两部分组成，如图 2-27 所示。

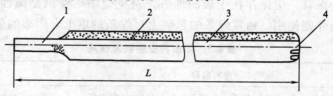

图 2-27　电焊条结构图

1—夹持端；2—药皮；3—焊芯；4—引弧端

（1）焊芯。焊芯是焊条内被药皮包覆的金属丝。其作用主要有以下两点：

① 起到电极的作用。即传导电流，产生电弧。

② 形成焊缝金属。焊芯熔化后，其液滴过渡到熔池中作为填充金属，并与熔化的母材熔合后，经冷凝成为焊缝金属。

为了保证焊缝金属具有良好的塑性、韧度和减少产生裂纹的倾向，焊芯是经特殊冶炼的焊条钢拉拔制成，它与普通钢材的主要区别在于具有低碳、低硫和低磷的特点。

焊芯牌号的标法与普通钢材的标法基本相同，如常用的焊芯牌号有 H08、H08A、H08SiMn 等。牌号的含意"H"是"焊"字汉语拼音首字母，读音为"焊"，表示焊接用实芯焊丝；其后的数字表示含碳量，如"08"表示含碳量为 0.08 % 左右；再其后则表示质量和所含化学元素，如"A"（读音为高），则表示含硫、磷较低的高级优质钢，又如"SiMn"则表示含硅与锰的元素均小于1%（若大于1% 的元素则标出数字）。

焊条的直径是焊条规格的主要参数，它是由焊芯的直径来表示的。常用的焊条直径范围是 2～6 mm，长度为 250～450 mm。一般细直径的焊条较短，粗焊条则较长。表 2-2 所示是其部分规格。

表 2-2　焊条直径和长度规格　　　　　　　　　　　　　　单位：mm

物理量	数			值		
焊条直径	2.0	2.5	3.2	4.0	5.0	5.8
焊条长度	250	250	350	350	400	400
	—	—	—	400	—	—
	300	300	400	450	450	450

（2）药皮。药皮是压涂在焊芯上的涂料层。它是由多种矿石粉、有机物粉、铁合金粉和黏结剂等原料按一定比例配制而成。表 2-3 所示为焊条药皮原料名称及作用，药皮的主要作用有三点：

① 稳定电弧。药皮中某些成分可促使气体粒子电离，从而使电弧容易引燃，并稳定燃烧和减少熔滴飞溅等。

② 保护熔池。在高温电弧的作用下，药皮分解产生大量的气体和熔渣，防止熔滴和熔池金属与空气接触。熔渣凝固后形成渣壳覆盖在焊缝表面上，防止了高温焊缝金属被氧化，同时可减缓焊缝金属的冷却速度。

③ 改善焊缝质量。通过熔池中的冶金反应进行脱氧、去硫、去磷、去氢等有害杂质，并补充被烧损的有益合金元素。

电焊条要妥善保管，应保存在干燥的地方，避免受潮。特别是碱性焊条，每次使用前都要经烘干处理后才能使用，通常焊条的包装上对焊条的烘干有明确的要求。

表 2-3　焊条药皮原料及作用

原料种类	原料名称	作用
稳弧剂	K_2CO_3、Na_2CO_3、长石、大理石（$CaCO_3$）、钛白粉等	改善引弧性，提高稳弧性
造气剂	大理石、淀粉、纤维素等	造成气体保护熔池和熔滴
造渣剂	大理石、萤石、长石、钛铁矿、锰矿等	造成熔渣保护熔池和焊缝
脱氧剂	锰铁、硅铁、钛铁等	使熔化的金属脱氧
合金剂	锰铁、硅铁、钛铁等	使焊缝获得必要的合金成分
黏结剂	钾水玻璃、钠水玻璃	将药皮牢固地粘在焊芯上

2. 焊条的分类、型号及牌号

1）焊条的分类

焊条的品种繁多，有如下三种分类方法：

（1）按用途分类。按国家标准可分为七大类：碳钢焊条、低合金钢焊条、不锈钢焊条、堆焊焊条、铸铁焊条、铜及铜合金焊条和铝及铝合金焊条。其中碳钢焊条使用最为广泛。

（2）按药皮熔化成的熔渣化学性质分类。焊条分为酸性焊条和碱性焊条两大类。药皮熔渣中以酸性氧化物（如 SiO_2、TiO_2、Fe_2O_3）为主的焊条称为酸性焊条。药皮熔渣中以碱性氧化物（如 CaO、FeO、MnO、MgO、Ma_2O）为主的焊条称为碱性焊条。在碳钢焊条和低合金钢焊条中，低氢型焊条（包括低氢钠型、低氢钾型和铁粉低氢型）是碱性焊条，其他涂料的焊条均属酸性焊条。

酸性焊条具有良好的焊接工艺性，电弧稳定，对铁锈、油脂和水分等不易产生气孔，脱渣容易，焊缝美观，可使用交流或直流电源，应用较为广泛。但酸性焊条氧化性强，合金元素易烧损，脱硫、磷能力也差，因此焊接金属的塑性、韧性和抗裂性能不高，适用于一般低碳钢和相应强度的结构钢的焊接。

碱性焊条氧化性弱、脱硫、磷能力强，所以焊缝塑性、韧性高、扩散氢含量低、抗裂性能强。因此，焊缝接头的力学性能较使用酸性焊条的焊缝要好，但碱性焊条的焊接工艺性较差，仅适于直流弧焊机，对锈、水、油污的敏感性大，焊件易产生气孔，焊接时产生有毒气体和烟尘多，应注意通风。

（3）按焊接工艺及冶金性能要求、焊条的药皮类型来分类，如氧化钛型、钛钙型、低氢钾型、低氢钠型等。

2）焊条的型号

焊条型号是由国家标准局及国际标准组织（ISO）制定，反映焊条主要特性的一种表示方法。现以国家标准 GB/T 5117—2012 碳钢焊条规定，其型号编制方法：字母"E"（英文字母）表示焊条；E 后的前两位数字表示熔敷金属抗拉强度的最小值，单位为 MPa；第三位数字表示焊条的焊接位置，若为"0"及"1"则表示焊条适用于全位置焊接（即可进行平、立、仰、横焊），"2"表示焊条适用于平焊及平角焊，"4"表示焊条适用于向下立焊；第三位和第四位数字组合时表示药皮类型及焊接电流种类，如"03"表示钛钙型药皮、交直流正反接，又如"15"表示低氢钠型、直流反接，如图 2-28 所示。

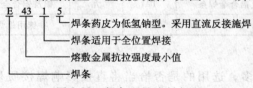

图 2-28　焊条型号编制方法

3）焊条的牌号

焊条的牌号指除焊条国家标准的焊条型号外，考虑到国内各行业对原机械工业部部标的焊条牌号印象较深，因此仍保留了原焊条分十大类的牌号名称，其编制方法：每类电焊条的第一个大写汉语特征字母表示该焊条的类别，如 J（或"结"）代表结构钢焊条（包括碳钢和低合金钢焊条）、A 代表奥氏体铬镍不锈钢焊条等；特征字母后面有三位数字，其中前两位数字在不同类别焊条中的含义是不同的，对于结构钢焊条而言，此两位数字表示焊缝金属最低的抗拉强度，单位是 kgf/mm^2（$1kgf/mm^2 = 9.81MPa$）；第三位数字均表示焊条药皮类型和焊接电源要求。

两种常用碳钢焊条型号和其相应的牌号如表 2-4 所示。

表 2-4　两种常用碳钢焊条

型号	原牌号	药皮类型	焊接位置	电流种类
E4303	结 422	钛钙型	全位置	交流、直流
E5015	结 507	低氢钠型	全位置	直流反接

焊条牌号应尽快过渡到国家标准的焊条型号。若生产厂家仍以"焊条牌号"标注，则必须在牌号的边上标明所属的焊条型号，如焊条牌号 J442（符合 GB/T 5117—2012 E4303 型）。焊条型号与焊条牌号的关系如表 2-5 所示。

表 2-5　国家标准焊条的分类

国家标准			牌号			
焊条大类（按化学成分分类）			焊条大类（按用途分）			
国家标准编号	名称	代号	类别	名称	代号	
					汉字	字母
GB/T 5117—2012	碳钢焊条	E	一	结构钢焊条	J	结
GB/T 5118—2012	低合金钢焊条	E	一	结构钢焊条	J	结
			二	钼和铬钼耐热钢焊条	R	热
			三	低温钢焊条	W	温
GB/T 983—1995	不锈钢焊条	E	四	不锈钢焊条	G	铬
					A	奥
GB/T 984—2001	堆焊焊条	ED	五	堆焊焊条	D	堆
GB/T 10044—2006	铸铁焊条	EZ	六	铸铁焊条	Z	铸
GB/T 13814—2008	镍及镍合金焊条	ENi	七	镍及镍合金焊条	Ni	镍
GB/T 3670—1995	铜及铜合金焊条	TCu	八	铜及铜合金焊条	C	铜
GB/T3669—2001	铝及铝合金焊条	TAl	九	铝及铝合金焊条	L	铝
—	—	—	十	特殊用途焊条	TS	特

3. 焊条的选用

焊条的种类与牌号很多，选用的是否恰当将直接影响焊接质量、生产率和产品成本。选用时应考虑下列原则：

（1）根据焊件的金属材料种类选用相应的焊条种类。如焊接碳钢或普通低合金钢，应选用结构钢焊条；焊接不锈钢或耐热钢等有特殊性能要求的钢材，应选用相应的专用焊条，以保证焊缝金属的主要化学成分和性能与母材相同。

（2）焊缝金属要与母材等强度，可根据钢材强度等级来选用相应强度等级的焊条。对异种钢焊接，应选用与强度等级低的钢材相适应的焊条。

（3）同一强度等级的酸性焊条或碱性焊条的选用，主要考虑焊件的结构形状、钢材厚度、载荷性能、钢材抗裂性等因素。对于结构形状复杂、厚度大的焊件，因其刚性大，焊接过程中有较大的内应力，容易产生裂纹，应选用抗裂性好的低氢型焊条；在母材中碳、硫、磷等元素含量较高时，也应选用低氢型焊条；承受动载荷或冲击载荷的焊件应选择强度足够、塑性和韧性较高的低氢焊条。如焊件受力不复杂、母材质量较好、含碳量低，应尽量选用较经济的酸性焊条。

（4）焊条工艺性能要满足施焊操作需要，如在非水平位置焊接时，应选用适合于各种位置焊接的焊条。

结构钢焊条的选用如表2-6所示，常见碳钢焊条的应用见表2-7。

表2-6　结构钢焊条的选用

钢种	钢号	一般结构	承受动载荷、复杂和厚板结构的受压容器
低碳钢	Q235、Q255、08、10、15、20	J422、J423、J424、J425	J426、J427
	Q275、20、30	J502、J503	J506、J507
普低钢	09Mn2、09MnV	J422、J423	J426、J427
	16Mn、16MnCu	J502、J503	J506、J507
	15MnV、15MnTi	J506、J556、J507、J557	J506、J556、J507、J557
	15MnVN	J556、J557、J606、J607	J556、J557、J606、J607

表2-7　常见碳钢焊条的应用

牌号	型号	药皮类型	焊接位置	电流	主要用途
J422GM	E4303	钛钙型	全位置	交流、直流	焊接海上平台、船舶、车辆、工程机械等表面装饰焊缝
J422	E4303	钛钙型	全位置	交流、直流	焊接较重要的低碳钢结构和同强度等级的低合金钢
J426	E4316	低氢钾型	全位置	交流、直流	焊接重要的低碳钢及某些低合金钢结构
J427	E4315	低氢钠型	全位置	直流	焊接重要的低碳钢及某些低合金钢结构
J502	E5003	钛钙型	全位置	交流、直流	焊接16Mn及相同强度等级低合金钢的一般结构
J502Fe	E5014	铁粉钛钙型	全位置	交流、直流	合金钢的一般结构
J506	E5016	铁粉钛钙型	全位置	交流、直流	焊接中碳钢及某些重要的低合金钢（如16Mn）结构
J507	E5015	低氢钠型	全位置	直流	焊接中碳钢及16Mn等低合金钢重要结构
J507R	E5015 – G	低氢钠型	全位置	直流	焊接压力容器

4. 焊条的烘干和保存

酸性低碳钢电焊条烘至 150~200℃，保温 0.5~1 h（如大西洋焊条为150℃，0.5~1 h）；碱性低氢电焊条，烘至 350~400℃，保温 1~2 h（有的为350℃，1 h，有的为380℃，1~2 h）。焊条的烘干一般可重复两次。焊条保存温度建议在 10~25℃，空气相对湿度不高于60%，存放时间通常为 3 年（超过 3 年不得在压力容器中使用）。

二、焊接参数

手工电弧焊焊接参数通常包括焊条的型号、焊条直径、电源种类与极性、焊接电流、电弧电压、焊接速度和焊接层数等内容。焊接参数选择正确与否，直接影响焊缝质量和劳动生产率。

手工电弧焊中，电弧电压由电弧长度决定，和焊接速度一样，一般由焊工根据具体情况灵活掌握，焊接层数，一般由设计图样规程规定，焊工可根据具体情况做适当调整。

1. 焊条直径选择

从生产率角度出发，应尽可能选择直径较大的焊条，但是直径大的焊条也有不利因素，如易造成未焊透，焊肉堆积过高，全位置焊接困难，增加焊缝线能量等，所以必须按实际情况选择合适直径的焊条，通常可依据下列因素选择。

1）焊件的厚度

一般焊件厚度越大，选用焊条直径也越大，焊条直径与焊件厚度之间的关系，可以参照表2-8所示。但实际选用时，还要考虑其他因素。

表 2-8　焊条直径与焊件厚度的关系 单位：mm

焊件厚度	≤1.5	2	3	4~6	8~12	≥13
焊条直径	1.5	1.5~2	2~3.2	3.2~4	3.2~4	4~5

2）焊缝位置

在同样厚度条件下，平焊用的焊条直径可以比在其他位置用的焊条直径大一些，立、横、仰焊位置的焊缝，最大直径不超过 4.0 mm。焊接固定位置管道环缝的焊条，为了适应各种位置的操作，宜采用小直径焊条。

3）焊缝的层次

在进行多层焊时，为了使根部焊透，对第一层焊接是应采用小直径焊条，以后各层可以根据焊件的厚度等其他因素进行选择。

4）焊件的性质

对某些要求防止过热及控制线能量的焊件，宜选用小直径的焊条。

2. 焊接电流的选择

焊缝质量的好坏与焊接电流是否合适有密切的关系。电流过大易形成咬边、烧穿、过热等缺陷；电流过小，则会造成未焊透、夹渣、熔合不良等缺陷，所以必须选择适当的电流。决定焊接电流大小因素很多，如焊条类型、焊条直径、焊接性质、接头形式、焊缝位置和焊缝层次等，但最主要的是焊条直径和焊缝位置。

1）焊条直径与焊接电流之间的关系

焊条的融化要靠电弧来实现，焊条直径越大，所需要焊条熔化热也越大，焊接电流也相应要增加，这就产生了电流量与焊芯截面的一定比例关系，称为电流密度，即单位焊芯截面上通过的电流，用式（2-1）表示：

$$i = I / F \qquad\qquad (2\text{-}1)$$

式中　i——电流密度，A/mm^2；

　　　I——焊接电流，A；

　　　F——焊芯截面积，mm^2。

电流密度过大，焊条过热发红，甚至药皮脱落汽化，影响焊接质量，密度过小，电弧不稳，熔化不良，不能正常焊接。一般要求焊接电流密度在 $15 \sim 25\text{A}/\text{mm}^2$ 范围内。

为了直接按焊条直径来选择电流，可以按式（2-2）来进行计算，其中的 K 值选取如表 2-9 所示。

$$I = Kd \tag{2-2}$$

式中　I——焊接电流，A；

　　　d——焊条直径，mm；

　　　K——经验系数。

表 2-9　经验系数值

焊条直径 d/mm	1 ~ 2	2 ~ 4	4 ~ 6
经验系数 K	25 ~ 30	30 ~ 40	40 ~ 60

无论按电流密度计算或按经验公式计算得出的焊接电流，只是一个大概数值，实际生产中还要与其他因素综合考虑，才能选定合适的电焊接电流。

2）焊缝位置与焊接电流的关系

焊接电流大，焊条熔化的速度快，熔池也大。在平焊位置进行焊接时，熔池容易控制，电流的影响不大。而在其他位置焊接时，熔化金属就容易从熔池中流出。要使熔化金属得到控制，其他位置的焊接电流就要比平焊时小一些。此外，在使用碱性焊条时，电流宜小一些，可以减少飞溅。

3）判断电流大小的实际经验

（1）听响声。焊接的时候可以从焊条电弧焊的响声来判断电流的大小。当焊接电流较大时，发出"哗哗"的声响，犹如大河流水一样；当电流较小时，发出"丝丝"声响，而且容易断弧。电流适中时，发出"沙沙"的声响，同时夹着清脆的噼啪声。

（2）看飞溅。电流过大时，飞溅严重，电弧吹力大，爆裂声响大，可以看到大颗粒的熔滴向外飞出，电流过小时，电弧吹力小，飞溅也小，熔渣和铁水不易分清。

（3）看焊条熔化状况。电流过大时，当焊条熔化到半截以后，剩余焊条出现红热状况，甚至出现药皮脱落现象，如果电流过小，焊条熔化困难，容易粘在焊件上。

（4）看熔池形状。在焊接过程中，观察熔池形状，调整操作方法，得到理想的焊缝形状，这是常用的方法，熔池的形状可以反映出电流的大小，如图 2-29 所示。当电流较大时，椭圆形熔池长轴较长，如图 2-29（a）所示；当电流较小时熔池呈扁形，如图 2-29（c）所示；当电流适中时，熔池形状像鸭蛋形，如图 2-29（b）所示。

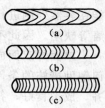

（a）

（b）

（c）

图 2-29　焊缝形状

（5）看焊缝成形。电流过大时，熔深大；焊缝宽而低；两边易产生咬边，焊波粗糙，电流过小时，焊缝高而窄，且两侧与母材金属熔合不良；电流适中时，焊缝两侧熔合良好，焊波成形美观，高度适中，过渡平滑。

三、定位焊与定位焊缝

焊前为固定焊件的相对位置进行的焊接操作称为定位焊，俗称点固焊。定位焊形成的短小而断续的焊缝叫做定位焊缝，又称点固焊缝。通常定位焊缝都比较短小，焊接过程中都不去掉，而成为正式焊缝的一部分保留在焊缝中，因此定位焊缝的质量好坏、位置、长度和高度等是否合适，将直接影响正式焊缝的质量及焊件的变形。根据经验，在生产中发生的一些重大质量事故，如结构变形大，出现未焊透及裂纹等缺陷，往往是定位焊不合格而造成的，因此必须对定位焊引起足够的重视。

在焊接定位焊缝时，必须注意以下6点：

（1）必须按照焊接工艺规定的要求焊接定位焊缝。如采用与工艺规定相同牌号、直径的焊条，用相同的焊接参数施焊；若工艺规定焊前需预热，焊后需缓冷，则焊定位焊缝前要预热，焊后也要缓冷。

（2）定位焊缝必须保证熔合良好，焊道不能太高，起头和收尾处应圆滑不能太陡，并防止在焊缝接头时两端出现焊不透的现象。

（3）定位焊缝的长度、余高、间距参考尺寸如表2-10所示。

表 2-10　定位焊缝的参考尺寸　　　　　　　　　　　　单位：mm

焊件厚度	定位焊缝余高	定位焊缝长度	定位焊缝间距
<4	<4	5~10	50~100
4~12	3~6	10~20	100~200
>12	>6	15~30	200~300

（4）定位焊缝不能焊在焊缝交叉处或焊缝方向发生急剧变化的地方，通常至少应离开这些地方50 mm才能焊定位焊缝。

（5）为防止在焊接过程中焊件裂开，应尽量避免强制装配，必要时可增加定位焊缝的长度，并减小定位焊缝的间距。

（6）在定位焊后必须尽快焊接，避免中途停顿或存放时间过长，定位焊用焊接电流可比正常焊接的焊接电流大10%~15%。

四、单面焊双面成形技术

在焊接锅炉及压力容器等结构时，有时要求焊接接头完全焊透，以满足受压部件的质量和性能要求。但由于构件尺寸和形状的限制，如小直径容器，管道在里面无法施焊，只能在容器外侧进行焊接。如在外侧采用常规的单面焊法，里面会焊不透，会存在咬边和焊瘤等缺陷，因此不能满足焊接质量的要求。

单面焊双面成形操作技术是采用普通焊条，以特殊的操作方法，在坡口背面不采取任何辅助措施的条件下，在坡口的正面进行焊接，焊后保证坡口的正、反两面都能均匀、整齐，成形良好，符合焊接质量要求焊缝的操作方法，因此，单面焊双面成形是焊条电弧焊中难度较大的一种操作技术。适用于无法从背面清除焊根并重新进行焊接的重要焊件。

1. 单面焊双面成形的接头形式

适用于焊条电弧焊单面焊双面成形的接头形式，主要有板状对接接头［见图2-30（a）］、管状对接接头［见图2-30（b）］和骑座式管板接头［见图2-30（c）］三种。按接头位置不同可进行平焊、立焊、横焊和仰焊等位置的焊接。单面焊双面成形在焊接方法上与一般的平焊、立焊、横焊和仰焊有所不同，但操作要点和要求基本一致。焊缝内不应出现气孔、夹渣，根部应均匀焊透，背面不应有焊瘤和凹陷等。

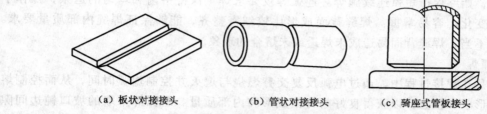

（a）板状对接接头　　　　（b）管状对接接头　　　　（c）骑座式管板接头

图 2-30　单面焊双面成形的基本接头形式

2. 单面焊双面成形机理

单面焊双面成形机理可分为击穿成形机理和渗透成形机理。

1）击穿成形机理

在母材选用一定的坡口、间隙和钝边条件下，选择合适的焊条角度，采用锯齿形或月牙形运条方法，焊条均匀地向前摆动，使坡口钝边处的母材金属和填充金属共同熔化形成熔池，从而形成背面焊道或采用断弧焊法打底焊，采用一点或两点击穿，使母材坡口根部钝边金属熔化形成熔池，从而形成背面焊道，这种成形机理称为击穿成形机理。

无论是采用连弧焊法还是断弧焊法，在打底焊时击穿成形机理的关键是熔孔效应。在电弧高温和吹力作用下，坡口根部部分金属被熔化形成金属熔池，在熔池前沿会产生一个略大于坡口装备间隙的孔洞，称为熔孔，如图 2-31所示。液态金属通过熔孔送向焊缝背面，使背面焊缝成形，同时，焊条药皮熔化时所形成的熔渣和气体可以对焊缝背面形成保护，背面焊道的质量是由熔孔尺寸大小、形状、

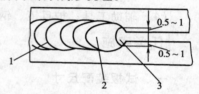

图 2-31　熔孔的位置和大小
1—焊缝；2—熔池；3—熔孔

移动均匀程度决定的。在不同的焊接位置观察到的熔孔是有所差别的。在平焊时，由于熔渣的超前影响，熔孔不如其他焊接位置容易观察到，但在实际中熔孔是必然存在的。击穿成形是单面焊双面成形的主要成形机理。

2）渗透成形机理

渗透成形是在坡口无间隙或间隙很小、钝边较厚的情况下，焊接时采用较小的焊接电流和较大的焊条倾角，焊接电弧沿焊缝方向在坡口根部做直线运动，熔化的液态金属通过间隙渗透到焊缝背面，与坡口钝边形成紧密结合，使焊件背面形成焊缝。

渗透成形由于坡口间隙小、钝边厚，且焊接速度较快，因而不能形成均匀搅拌的熔池，熔池的快速冷却使根部金属难于良好的熔合，易出现"虚焊"现象，焊缝力学性很差，因此在单面焊双面成形操作中较少采用。

3. 连弧焊和断弧焊的特点

在进行单面焊双面成形焊接时，第一层打底焊道焊接是操作的关键。焊条药皮熔化时所形成的熔渣和气体可通过熔孔对焊缝背面进行有效地保护。同时，焊件背面焊道的质量由熔孔尺寸大小、形状、移动的均匀程度来决定。单面焊双面成形，由于第一层打底焊时的操作手法不同，可分为连弧焊（又称连续施焊法）和断弧焊（又称间断灭弧施焊法）两种。

1）连弧焊

连弧焊是在焊接过程中电弧连续燃烧、不熄灭，采取较小的坡口钝边间隙，选用较小

的焊接电流，始终保持短弧连续施焊。连弧焊仅要求焊工保持平衡和均匀的运条，操作手法没有较大变化，容易掌握。焊缝背面成形比较细密整齐，能够保证焊缝内部质量要求。但如果操作不当，焊缝背面易造成未焊透或未熔合的现象。

2）断弧焊

断弧焊是在焊接过程中，通过电弧反复交替燃烧与熄灭并控制熄弧时间，从而控制熔池的温度、形状和位置，以获得良好的背面成形和内部质量。断弧焊采取的坡口钝边间隙比连弧焊稍大一些，选用的焊接电流范围也较宽，使电弧具有足够的穿透能力。在进行薄板、小直径管焊接和实际产品装配间隙变化较大的条件下，采用断弧焊法施焊显得更灵活和适用。由于断弧焊操作手法变化较大，掌握起来有一定的难度，要求焊工具有较熟练的操作技术。

材料准备

（1）试件材料：Q235。

（2）试件尺寸：试件尺寸如图 2-26 所示。

（3）焊接工具：WS－315 焊机 1 台、焊条若干根。

（4）辅助工具：护目镜、钢丝刷等。

任务实施

一、试板装配尺寸

试板装配尺寸如表 2-11 所示，预置反变形如图 2-32 所示。

表 2-11　试板装配尺寸

坡口角度/(°)	装配间隙/mm	钝边/mm	反变形量/(°)	错边量/mm
60	始焊端 3.0，终焊端 4.0	0.5～1.5	3～4	≤1

（a）获得反变形的方法　　　　　（b）反变形角度θ

图 2-32　反变形

二、焊道分布

单面焊四层四道的焊道分布如图 2-33 所示。

三、焊接参数

板对接平焊的焊接参数如表 2-12 所示。

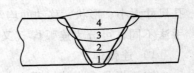

图 2-33　焊道分布

表 2-12　板对接平焊的焊接参数

焊接层次	焊条直径/mm	焊接电流/A
打底层		85 ~ 90
填充层	3.2	130 ~ 140
盖面层		120 ~ 130

四、操作要点

1. 焊件装配

用钢丝刷或砂布将工件坡口面清理干净，露出金属光泽，然后用锉刀锉修钝边。将两块钢板坡口相对反放在平台上，起焊端间隙为 3.2 mm，终焊端间隙为 4.0 mm（可用 3.2 mm 和 4.0 mm 焊条芯夹在两头），预留 3°~4° 的反变形。在工件两端进行定位焊，焊点长度为 10 mm 左右，并且焊牢。

2. 打底焊

打底焊是单面焊双面成形的关键，其质量好坏将直接影响试件是否合格。

1）运条方法

打底焊的运条方法分为直线形运条、直线往复运条、小锯齿运条、月牙形运条等。应根据具体情况，灵活运用这几种运条方法。

2）焊条角度

打底焊时，焊条与焊件间的角度如图 2-34 所示。

3）焊接要点

焊接时要先在焊件始焊端前方约 10 ~ 15 mm 处的坡口面上引弧，然后将电弧拉回至始焊处稍加摆动，对焊件进行 1 ~ 2 s 的预热。当坡口根部产生"汗珠"时，立即将电弧压低约 1 ~ 1.5 s 后，即可听到电弧穿透坡口而发出的"噗噗"声。当看到定位焊缝以及相接的两侧坡口面的金属开始熔化，并形成第一个熔池，果断灭弧，等金属尚未完全凝固，熔化中心还处于半熔化的状态，护目镜下呈黄亮颜色时，重新引燃电弧，通过这样反复的熄弧和引弧形成最终的焊缝，如图 2-35 所示。

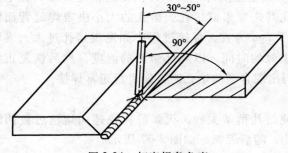

图 2-34　打底焊条角度

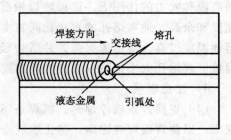

图 2-35　单面焊双面成形引弧位置

在单面焊双面成形的操作过程中应掌握下列 5 点操作要领：

（1）看。焊接过程中除了要认真观察熔池的形状、熔孔的大小及铁水与熔渣的分离情况，还应注意观察焊接的过程是否正常（如偏弧、极性正确与否等）。熔池一般保持椭圆形为宜（圆形时温度较高）。当焊接过程中出现偏弧及飞溅过大时，应立即停焊，查明原因，并采取对策。"看"是"控"的前提条件和依据，非常重要，因此必须看得清，分辨得明确。

（2）听。焊接时要注意听电弧击穿坡口钝边时发出的"噗噗"声，如果没有这种声音，表明坡口钝边未被电弧击穿；如继续向前焊接，则会造成未焊透、熔合不良等缺陷，所以在焊接过程中，应仔细听清楚有没有电弧击穿试件坡口钝边发出的"噗噗"声。

（3）准。送给铁水的位置和运条的间距要准确，并使每个熔池与前面熔池重叠2/3，保持电弧的1/3部分在熔池前方，用以加热和击穿坡口钝边，如图2-36所示。只有送给铁水的位置准确，运条的间距均匀，才能使焊缝正反面成形均匀、整齐、美观。"准"是衡量一个焊工操作技能是否熟练，基本功是否扎实的最终体现，一个优秀的焊工必须做到手眼合一，眼睛看到哪，手就迅速地把焊条准确无误地送到哪，只有这样才能保证焊缝内部质量和外观成形质量。

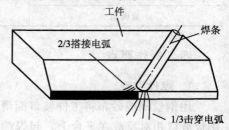

图 2-36　单面焊双面成形电弧位置

（4）短。短有两层意思。一是指灭弧与重新引燃电弧的时间间隔要短，就是说每次引弧的时间要选在熔池处在半凝固半熔化的状态下（通过护目玻璃能看到黄亮时）。如果间隔时间过长，熔池温度过低，熔池存在的时间较短，冶金反应不充分，则容易造成夹渣、气孔等缺陷；如果时间间隔过短，熔池温度过高，会使背面焊缝余高过大，甚至出现焊瘤或烧穿；二是指焊接时电弧要短，焊接时电弧长度等于焊条直径为宜。电弧过长，对熔池保护不好，易产生气孔，电弧穿透力不强，易产生未焊透等缺陷，铁水不易控制，不易成形而且飞溅较大。只有短弧操作和接弧的时间适当短，才会减少和避免气孔、未焊透等缺陷的产生。

（5）控。"控"是指控制。首先要控制铁水和熔渣的流动方向，焊接过程中的电弧要一直在铁水的前面，利用电弧和药皮熔化时产生的气体定向吹力，将铁水吹向熔池后方，这样既能保证熔深又能保证熔渣与铁水很好地分离，减少产生夹渣和气孔的可能性，当铁水与熔渣分不清时，要及时调整运条的角度（即焊条角度向焊接方向倾斜），并且要压低电弧，直至铁水与熔渣分清；其次是控制熔池的温度和熔孔的大小，焊接时熔池形状由椭圆形向圆形发展，熔池变大，并出现下塌的感觉，同时熔孔变大，此时说明熔池温度过高，应该迅速熄弧，并减小焊接频率（即熄弧的时间长一些），等熔池温度降低后，再恢复正常的焊接。在电弧的高温和吹力的作用下，试板坡口根部熔化并击穿形成熔孔。熔孔的大小决定焊缝背面的宽度和余高，通常熔孔的直径比间隙多 1~2 mm 为宜。焊接过程中如发现熔孔过大，表明熔池温度过高，应迅速灭弧，并适当延长熄弧的时间，以降低熔池的温度，然后恢复正常焊接。若熔孔太小则可以减慢焊接速度，当出现合适的熔孔时方能进行正常焊接。

4）注意事项

（1）更换焊条或停焊时，将焊条下压使熔孔稍增大些，灭弧前再快速向熔池过渡两滴铁水，以便背面焊缝饱满，防止形成冷缩孔，随后灭弧，如图2-37所示。

（2）在焊接时可以再握面罩的手中拿几根焊条，以便快速更换焊条。接头时在图2-38所示的1位置重新引弧，引弧后将电弧移到搭接末尾焊点2/3处的2位置以长弧摆动两个来回，等该处金属有了"出汗"现象之后，在7位置压低电弧，并停留1~2 s，等末尾焊点重新溶化后并听到"噗噗"声，迅速将电弧沿坡口侧后方拉长并熄灭，此时继续下个焊点的焊接。

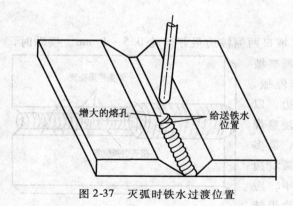

图 2-37　灭弧时铁水过渡位置

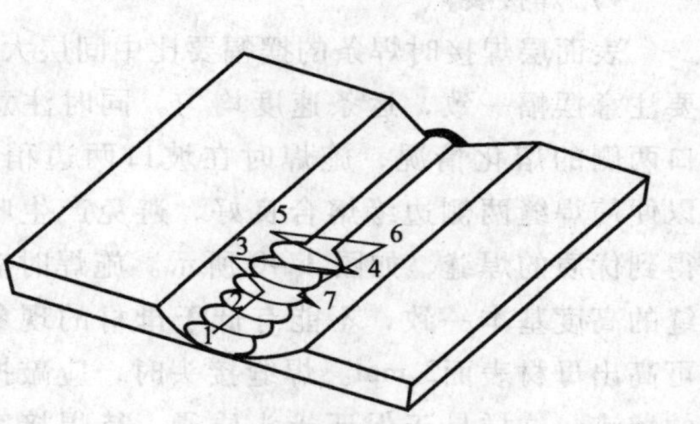

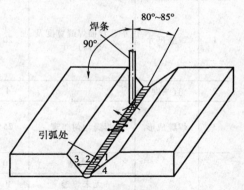

图 2-38　焊道接头位置

3. 填充焊

板厚为 12 mm 时，共需焊四层，因此，第二层、第三层称为中间层。

1）运条方法

运条方法分为锯齿形运条和月牙形运条。

2）焊条角度

焊条角度控制在 80°～85°范围内，如图 2-39 所示。

3）焊接要点

中间层施焊前，先将前一道焊缝的熔渣、飞溅物清除干净，将打底层的焊接接头处打磨平整，然后进行第二层焊。在距离焊缝端头 10 mm 左右引弧，将电弧拉长并移到端头处压低电弧施焊，然后进行摆动，如图 2-39 所示。

焊好中间层应注意以下几点：

（1）控制好焊道两侧的熔合情况，焊接时，焊条摆幅加大，在坡口两侧停留时间比打底焊时稍长，必须保证坡口两侧有一定的熔深，并使中间层焊道表面向下凹。

图 2-39　中间层焊条角度

（2）控制好第三层焊缝的高度和位置，第三层焊缝的高度应低于母材约 0.5～1.5 mm，最好略呈凹形，第三层焊接时焊条摆幅应比第二层大，但要注意不能太大，要注意不能熔化坡口两侧的棱边，便于表面层焊接时看清楚坡口，为表面层的焊接打好基础。

4. 盖面焊

表面层焊接前，应彻底清除前一层的焊渣，接头处如有高出部分，可用角向磨光机将其磨平。

1）焊接电流

表面层焊接时，焊接电流比中间层小 5～10A，若电流太大，容易造成焊缝成形不良。

2）运条方法

这条方法分为锯齿形运条和月牙形运条两种。

3）焊条角度

表面层焊接时，焊条前进角度为 80°～90°。

4）焊接要点

表面层焊接时焊条的摆幅要比中间层大，坡口两侧棱边最好熔化0.5~1 mm，摆动时，要注意摆幅一致，运条速度均匀。同时注意观察坡口两侧的熔化情况，施焊时在坡口两边稍作停顿，以便使焊缝两侧边缘熔合良好，避免产生咬边，以得到优质的焊缝，如图2-40所示。施焊时应注意焊缝的高度基本一致，不能有低于母材的现象，最多可高出母材表面3 mm。焊缝接头时，应敲掉弧坑边的熔渣，这样易于保证接头质量，待焊接完毕，应等试件冷却至较低温度后再敲渣，最后再清除焊缝两侧的飞溅物。

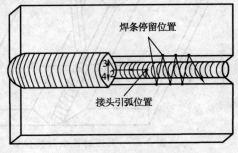

图 2-40 盖面层焊接

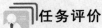 **任务评价**

任务评价的内容如表2-13所示。

表 2-13 自 测 评 分

序号	检测项目	项目要求	配分	评分标准	检测结果	得分
1	焊缝尺寸	正、背面焊缝宽度及余高尺寸	20	正面焊缝宽度比坡口两侧各增宽1.5~2 mm，每超差1 mm扣5分；余高0.5~1.5 mm，每超差1 mm扣5分；背面焊缝宽度比对口间隙两侧各增宽1~1.5 mm，每超差1 mm扣3分；余高0.5~1.5 mm每超差1 mm扣8分		
2	直线度	—	4	焊缝要直，偏离中心线>8 mm扣4分		
3	焊缝成形	焊缝均匀美观	25	起头、接头过高或熔合不良扣5分；焊波粗大、不平均、不光滑每100 mm扣5分；焊缝不整齐、两侧过渡不圆滑每50 mm扣5分		
4	焊接缺陷	无夹渣	10	每处夹渣扣5分		
		无未焊透	8	未焊透每长5 mm扣4分		
		无咬边	10	深<0.5 mm每10扣2分，深>0.5 mm每10扣5分		
		无未熔合	4	每处熔合不良扣2分		
		无焊瘤、气孔	8	每个焊瘤扣2分，每个气孔扣2分		
		无角变形	4	角变形每超差1°扣2分		
5	工具使用	正确使用	2	不正确不得分		
6	安全文明生产	遵守	5	违者不得分		
总　　分			100	总　得　分		

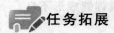 **任务拓展**

一、较薄钢板的Ⅰ形坡口平对接焊

焊接上的薄板多指6 mm以下的钢板，对于这些板来说，在焊接时可以不开坡口。

1）焊接电流

由于焊接的板比较薄，焊条所需的直径较小，通常选用直径为 2.5 mm 或 3.2 mm 的焊条；焊接电流需要根据板的厚度来选择。

2）运条方法

运条方法采用直线形运条。

3）焊条角度

表面层焊接时，焊条前进角度为 60°~80°。

4）焊接要点

（1）焊接前需要将工件进行矫正，防止装配时出现错边；装配间隙应留 0~1mm；将工件一侧边 10~20 mm 范围内的铁锈或油污用钢丝刷（用角磨机更好）打磨干净，以确保焊接质量。

（2）起头焊接在板端内（焊缝上）10~15 mm 处引弧后，立即将电弧移向焊缝起焊处（借助弧光找到此处）；拉长电弧预热 1~2 s，随即压低电弧，采用直线运条法向前施焊。图 2-41 所示为薄板对接起焊方法示意图。

（3）焊接时，由于焊条遮挡前方焊缝，易焊偏，要借助弧光，并使头部处于能看到前方未焊焊缝的位置，以防焊条向前移动时焊偏。

（4）焊接时，要仔细观察熔池状态，正常情况下，在电弧及气体吹力作用下，铁水与熔渣是分离的，如图 2-42 所示。若发现熔渣与铁水距离很近或全部覆盖铁水，说明将要产生熔渣超前现象，如不及时克服，将产生夹渣缺陷，这时可减小焊条的倾角，必要时可增大电流或选用小一点的焊条。

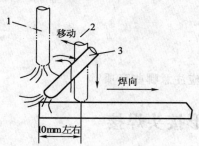

图 2-41 薄板对接起焊方法
1—长弧预热；2—引弧；3—压低电弧施焊

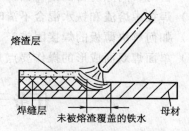

图 2-42 铁水与熔渣的分离

（5）若对口间隙较大时，可采用直线往复形运条，可避免烧穿，提高工作效率。

（6）收尾采用灭弧法，因工件较薄，节奏要慢一点，直到填满弧坑后方可收弧完成整个焊道的焊接。

（7）当遇到间隙较大的焊缝时，先将两板的边用直线或直线往复形运条进行焊接，清渣后再用锯齿形运条进行焊接，焊接方法及顺序如图 2-43 所示。

图 2-43 较大间隙的焊接方法

二、补焊

在焊接时，由于钢板薄、间隙大、电流大、停留时间过长等原因，平焊时很容易出现烧穿显现，这时就需要将烧穿部位进行补焊，如图 2-44 所示。

（1）当发生烧穿时，应立即熄灭电弧，待烧穿部位稍加冷却后，做好再引弧的准备。

（2）当烧穿部位冷却到较低温度时（但小区域仍为红热状态），再次在相应位置引弧，采用灭弧法（俗称点焊）进行补焊。焊接时，接弧位置及补焊焊点的重叠及连接顺序如图 2-45 所示。补焊时要先焊外，后焊内，并使接弧位置及温度分布对称均匀。

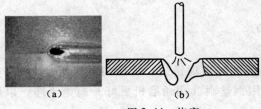 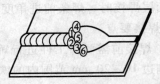

图 2-44　烧穿　　　　　　　　　图 2-45　补焊焊点的重叠顺序

（3）补焊时需根据烧穿部位的温度分布情况，合理选择接弧的位置（包括重叠量）和焊接时间，不要急于求成。减少接弧的重叠量，或增加焊接时间以及加快焊接节奏，否则会因为温度过高反而降低补焊的效率，甚至会产生新的烧穿。相反会造成熔合不良或夹渣缺陷。

任务回顾

（1）焊条由哪几部分组成？各有什么作用？

（2）焊条的选择原则是什么？

（3）焊接时的电流如何选择？

（4）定位焊应注意哪些问题？

（5）留对口间隙的目的是什么？

（6）焊接中熔渣和铁水混合不清时怎么办？

（7）如何解决薄板的焊接困难？

（8）单面焊双面成形的操作要点是什么？应注意哪些事项？

任务三　T 形接头焊接

学习目标

1. **知识目标**

（1）掌握焊条电弧焊 T 形接头的参数选择。

（2）掌握焊条电弧焊 T 形接头平角焊的运条方法。

（3）掌握焊条电弧焊 T 形接头立角焊的运条方法。

2. **技能目标**

（1）掌握焊条电弧焊 T 形接头平角焊的操作要领。

（2）掌握焊条电弧焊 T 形接头立角焊的操作要领。

3. **素质目标**

（1）树立学生对企业员工的角色意识，确立基本的职业态度。

（2）通过分组学习，锻炼学生的团队协作意识。

任务描述

16mm 厚的低碳钢板 T 形接头实作图样如图 2-46 所示。

知识准备

T 形接头即两块钢板互为 90°并呈 "T" 字形进行连接，是一种常见的焊接接头形式。T 形接头的焊缝为角焊缝，如图 2-46 所示，焊脚尺寸会随着钢板厚度的增加而增加，焊脚尺寸增加也会增加接头的承载能力，钢板厚度与焊脚尺寸的关系如表 2-14 所示。

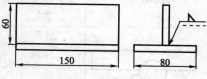

图 2-46 T 形接头

表 2-14 钢板厚度与焊脚尺寸对照   单位：mm

钢板厚度	≥2 ~ 3	>3 ~ 6	>6 ~ 9	>9 ~ 12	>12 ~ 16	>16 ~ 23
最小焊脚尺寸	2	3	4	5	6	8

角焊缝尺寸决定焊层次数与焊缝道数：一般当焊脚尺寸在 8 mm 以下时，采用单层焊；焊脚尺寸为 8 ~ 10 mm 时，采用多层焊；焊脚尺寸大于 12 mm 时，采用多层多道焊。焊脚的形状以圆弧过渡最佳，其应力集中程度最低，接头的承载能力高，如图 2-47 所示。

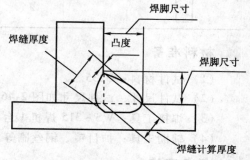

图 2-47 角焊缝尺寸

（1）平角焊缝又称 T 形焊缝。由于两块钢板之间有一定的夹角，降低了熔敷金属和熔渣的流动性，容易形成夹渣和咬边等缺陷。在操作中，电流要大于平焊时的电流。焊条角度如图 2-48 所示。当两块钢板厚度不同时，原则上应将电弧的能量集中对准厚的钢板。

（2）T 形接头立焊容易产生的缺陷是角顶不易焊透，而且焊缝两侧容易咬边。为克服此缺陷，焊条在焊缝两侧应稍作停留，电弧的长度尽可能地缩短，焊条摆动幅度应不大于焊缝宽度，为获得质量良好的焊缝，要根据焊缝的具体情况，选择合适的运条方法。常用的运条方法有跳弧法、三角形运条法、锯齿形运条法和月牙形运条法等，如图 2-49 所示。推荐 T 形接头立焊的焊接参数如表 2-15 所示。

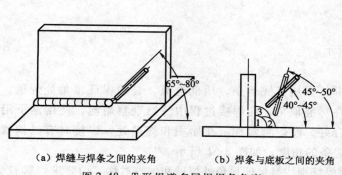

（a）焊缝与焊条之间的夹角   （b）焊条与底板之间的夹角

图 2-48 T 形焊道多层焊焊条角度

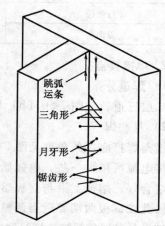

图 2-49 T 形接头立焊的运条方法

表 2-15　推荐 T 形接头立焊的焊接参数

焊缝横断面形式	烛件厚度或焊脚尺寸/mm	第一层焊缝		其他各层焊缝		盖面焊缝	
		焊条直径/mm	焊接电流/A	焊条直径/mm	焊接电流/A	焊条直径/mm	焊接电流/A
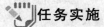	2	2	50 ~ 60	—	—	—	—
	3 ~ 4	3. 2	90 ~ 120	—	—	—	—
	5 ~ 8	3. 2	90 ~ 120				
		4	120 ~ 160				
	9 ~ 12	3. 2	90 ~ 120	4	120 ~ 160	—	—
		4	120 ~ 160				
	—	3. 2	90 ~ 120	4	120 ~ 160	3. 2	90 ~ 120
		4	120 ~ 160				

材料准备

（1）试件材料：Q235。

（2）试件尺寸：试件尺寸如图 2-46 所示。

（3）焊接工具：WS-315 焊机 1 台、焊条若干根。

（4）辅助工具：护目镜、钢丝刷等。

任务实施

一、T 形接头横角焊

1. 焊接参数

T 形接头横角焊焊接参数如表 2-16 所示。

表 2-16　T 形接头横角焊焊接参数

焊接层次	焊条直径/mm	焊接电流/A
打底层	3. 2	130 ~ 140
盖面层		110 ~ 120

2. 焊接要点

1）焊道分布

二层三道，如图 2-50（b）所示。

2）打底焊

横角焊打底焊条角度见图 2-48。采用直线运条，压低电弧，必须保证顶角处焊透，为此焊接电流可稍大一些，电弧始终对准顶角，在焊接过程中注意观察熔池，使熔池下沿与底板熔合好，熔池上沿与立板熔合好，使焊脚对称。在始端和终端处，焊接时有磁偏吹现象，因此在试板两端要适当调整焊条的角度，如图 2-51 所示。

如果是单层角焊缝，则打底时要特别注意保证顶角处焊透和焊脚对称。如要求焊脚较大，可适当摆动焊条，锯齿形、斜圆圈形运条都可。

　　3）盖面焊

　　在盖面焊前应将打底层上的熔渣与飞溅物清除干净。在焊盖面层下面的焊道时，电弧应对准打底焊道的下沿，直线运条；在焊盖面层上面的焊道时，电弧应对准打底焊道的上沿，焊条稍横向摆动，使熔池上沿与立板平滑过渡，熔池下沿与下面的焊道均匀过渡。焊接速度要均匀，以便焊成一条表面较平滑且略带凹形的焊缝。

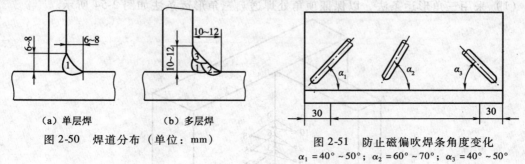

（a）单层焊　　　　（b）多层焊

图 2-50　焊道分布（单位：mm）

图 2-51　防止磁偏吹焊条角度变化
$\alpha_1 = 40° \sim 50°$；$\alpha_2 = 60° \sim 70°$；$\alpha_3 = 40° \sim 50°$

3. 注意事项

　　（1）为了减小变形，定位焊位置应在焊件两端且对称点固，点固顺序如图 2-52 所示，定位焊长约 10 mm 并做到焊缝薄而牢。

　　（2）焊第二层之前，必须将第一层的熔渣清理干净。如发现夹渣，应用小直径焊条修补后焊第二层，这样才能保证层与层之间的紧密结合。

　　（3）多层多道焊时，各道之间的接头不能重叠且间隔不小于 30 mm，如图 2-53 所示。

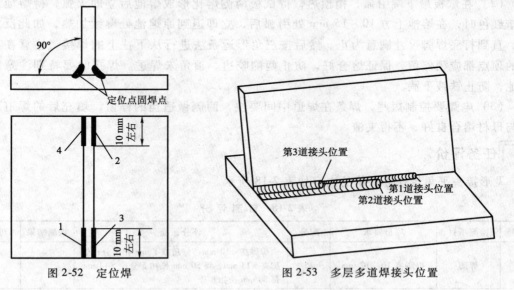

图 2-52　定位焊

图 2-53　多层多道焊接头位置

二、T 形接头的立焊

1. 焊接参数

　　T 形接头立角焊焊接参数如表 2-17 所示。

表 2-17　板对接立焊的焊接参数

焊接层次	焊条直径/mm	焊接电流/A
打底层	3.2	110 ~ 130
盖面层		100 ~ 120

2. 焊接要点

（1）采用三角形运条法，以保证顶角处焊透。三角形运条法如图 2-54 所示。

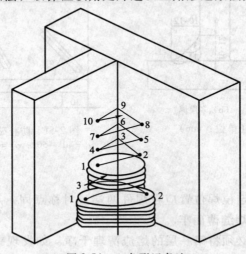

图 2-54　三角形运条法

（2）在试板最下端引弧，稍预热，待试板两侧熔化形成熔池后立即灭弧，待熔池稍冷至暗红色时，在熔池上方 10 ~ 15 mm 处引弧后，立即退到原熔池处继续加热，如此反复几次，直到打底焊脚尺寸满意为止。然后按三角形运条法进行从下往上的焊接，注意在三角形的顶点都应稍停留，保证熔合好，防止两侧咬边、顶角未焊透。焊接时要特别注意观察熔池，防止铁液下淌。

（3）电弧要控制短些，焊条在焊道中间要快，两侧做适当的停留，填充后的焊道表面要与母材熔合良好，不得夹渣。

任务评价

T 形接头平角焊任务评价的内容如表 2-18 所示。

表 2-18　自 测 评 分

序号	检测项目	项目要求	配分	评分标准	检测结果	得分
1	焊脚	焊脚高 10 ~ 12 mm	25	焊脚高 < 10 mm，每超差 1 mm 扣全分；焊脚高 > 13 mm，每 50 mm 长扣 5 分；> 14 mm 每 50 mm 长扣 8 分		
2	焊缝成形	焊缝均匀美观	8	焊脚不对称，下踢每 10 mm 长扣 4 分		
			30	起头、接头熔合不良扣 2 分；接头脱节或过高每处扣 5 分；焊缝中间凹沟每 50 mm 长扣 5 分；两侧与母材过渡不圆滑每 50 mm 长扣 3 分		

续表

序号	检测项目	项目要求	配分	评分标准	检测结果	得分
3	焊接缺陷	无夹渣	10	每处夹渣扣5分		
		无咬边	10	深＜0.5 mm 每20 mm 长扣2分，深＞0.5 mm每20 mm 长扣4分		
		无未熔合	4	每处熔合不良扣2分		
		焊后两板垂直	5	变形较大或两板不垂直扣5分		
4	工具使用	正确使用	4	不正确不得分		
5	安全文明生产	遵守	4	违者不得分		
总　　分			100	总　得　分		

任务回顾

（1）平角焊易产生哪些缺陷？如何避免这些缺陷？

（2）平角焊焊接时应注意哪些事项？

（3）立角焊时有哪些焊接难点？

任务四　板对接立焊

学习目标

1．知识目标

（1）掌握焊条电弧焊立焊的参数选择要求。

（2）掌握焊条电弧焊立焊的运条方法。

2．技能目标

（1）掌握焊条电弧焊立焊的操作要领。

（2）初步掌握V形坡口立焊的单面焊双面成形操作技能。

3．素质目标

（1）树立学生对企业员工的角色意识，确立基本的职业态度。

（2）通过分组学习，锻炼学生的团队协作意识。

任务描述

板厚12 mm的V形坡口对接向上立焊实作图样如图2-55所示。

知识准备

立焊是在垂直方向上进行焊接的一种操作方法。由于在重力的作用下，焊条熔化所形成的熔滴及熔池中的熔化金属要下淌，造成焊缝成形困难，质量受影响，因此，立焊时选用的焊条直径和焊接电流均应小于平焊，并应采用短弧焊接。

立焊的特点是铁水与熔渣便于分离，但熔池温度过高时，铁水易下淌形成焊瘤、咬边；温度过低时，易产生夹渣缺陷。焊接时采

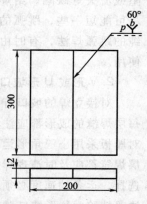

图2-55　板对接立焊图样

用短弧焊，利用电弧吹力托住铁水，同时还利用焊条熔化金属向熔池中过渡。

立焊有两种操作方法：一种是由下向上施焊，是目前生产中常用的方法，称为向上立焊或简称为立焊；另一种是由上向下施焊，称为向下立焊，这种方法要求采用专用的向下立焊焊条才能保证焊缝质量。由下向上焊接可采取以下几种措施：

（1）在对接立焊时，焊条应与基本金属垂直，同时与施焊前进方向成 60°～80° 的夹角。

（2）用较细直径的焊条和较小的焊接电流，焊接电流一般比平焊时小 10%～15%。

（3）采用短弧焊接，以缩短熔滴金属过渡到熔池的距离。

（4）根据焊件接头形式的特点，选用合适的运条方法。

推荐对接接头立焊的焊接参数如表 2-19 所示。

表 2-19　推荐对接接头立焊的焊接参数

坡口及焊缝横断面形式	焊件厚度或焊脚尺寸/mm	第一层焊缝		其他层焊缝		盖面焊缝	
		焊条直径/mm	焊接电流/A	焊条直径/mm	焊接电流/A	焊条直径/mm	焊接电流/A
	2	2	45～55	—	—	2	50～55
	2.5～4	3.2	75～100	—	—	3.2	80～110
	5～6	3.2	80～120	—	—	3.2	90～120
	7～10	3.2	90～120	4	120～160	3.2	90～120
		4	120～160				
	≥11	3.2	90～120	4	120～160	3.2	90～120
		4	120～160	5	160～200		
	12～18	3.2	90～120	4	120～160	—	—
		4	120～160				
	≥19	3.2	90～120	4	120～160	—	—
		4	120～60	5	160～200		

1. I 形坡口的对接立焊

I 形坡口的对接立焊常用于薄板的焊接。在焊接时容易产生焊穿、咬边、金属熔滴下坠或流失等缺陷，给焊接带来很大困难。一般应选用跳弧法施焊，电弧离开熔池的距离尽可能短一些，跳弧的最大弧长应不大于 6 mm。在实际操作过程中，应尽量避免采用单纯的跳弧焊法，有时由于焊条的性能及焊缝的条件关系，可采用其他方法与跳弧法配合使用。

2. V 形或 U 形坡口的对接立焊

对接立焊的坡口有 V 形或 U 形等形式。如采用多层焊时，层数则由焊件的厚度来决定，每层焊缝的成形都应注意这一点。在打底焊时，应选用直径较小的焊条和较小的焊接电流，对厚板采用小三角形运条法，对中厚板或较薄板可采用小月牙形或锯齿形跳弧运条法，各层焊缝都应及时清理焊渣，并检查焊接质量。表层焊缝运条方法按所需焊缝高度的不同来选择，运条的速度必须均匀，在焊缝两侧稍作停留，这样有利于熔滴的过渡，防止产生咬边等缺陷。V 形坡口对接立焊常用的各种运条方法如图 2-56 所示。

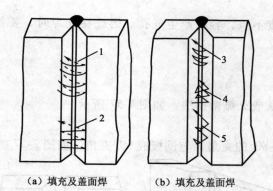

（a）填充及盖面焊　　　（b）填充及盖面焊

图 2-56　V 形破口对接立焊常用的各种运条方式

1—月牙形运条；2—锯齿形运条；3—小月牙运条；4—三角形运条；5—跳弧运条

材料准备

（1）试件材料：Q235。

（2）试件尺寸：试件尺寸如图 2-55 所示。

（3）焊接工具：WS – 315 焊机 1 台、焊条若干根。

（4）辅助工具：护目镜、钢丝刷等。

任务实施

一、试板装配尺寸

板对接立焊试板装配尺寸如表 2-20 所示。

表 2-20　试板装配尺寸

坡口角度/（°）	装配间隙/mm	钝边/mm	反变形量/（°）	错边量/mm
60	始焊端 3.0，终焊端 4.0	0	2 ~ 3	≤1

二、焊接参数

板对接立焊焊接参数如表 2-21 所示。

表 2-21　板对接立焊的焊接参数

焊接层次	焊条直径/mm	焊接电流/A
打底层		70 ~ 80
填充层	3.2	110 ~ 130
盖面层		110 ~ 120

三、焊接要点

在立焊时，液态金属受重力作用而下坠，容易产生焊瘤，焊缝成形困难。在打底层焊接时，由于熔渣的熔点低，流动性强，熔池金属和熔渣易分离，会造成熔池部分脱离熔渣的保护，操作或运条角度不当，容易产生气孔。因此在立焊时，要控制焊条角度并进行短弧焊接。

1. 打底焊

1）运条方法

运条采用挑弧微摆法或灭弧微摆法，如图 2-57 所示。

2）焊条角度

焊条与焊缝成 70°~80°的夹角，与试板成 90°夹角，如图 2-57 所示。

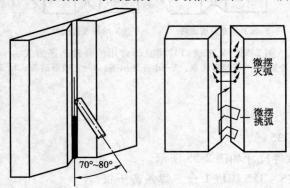

图 2-57　立焊打底焊时焊条的角度和运条方式

3）焊接要点

（1）焊接时由于在重力的作用下铁水和熔渣会下坠，需要注意对它们的区分，若把熔渣的下坠当成铁水的下坠可能会造成熔合不良；在焊接时不能出现红亮的铁水下坠，如果出现这种现象，则热输入量过大，会造成焊瘤、烧穿等缺陷。

（2）控制引弧位置。开始焊接时，在试板下端定位焊缝上面约 10~20 mm 处引燃电弧，并迅速向下拉到定位焊缝上，预热 1~2 s 后，开始摆动并向上运动，到定位焊缝上端时，稍加大焊条角度，并向前送焊条压低电弧，当听到击穿声形成熔孔后，做锯齿形横向摆动，连续向上焊接。在焊接时，电弧要在两侧的坡口面上稍作停留，以保证焊缝与母材熔合好。在打底层焊接时，为了得到良好的背面成形和优质焊缝，焊接电弧应控制短一些，运条速度要均匀，向上运条时的间距不易过大，过大时背面焊缝易产生咬边，应使焊接电弧的 1/3 对着坡口间隙，电弧的 2/3 要覆盖在熔池上，形成熔孔。

（3）控制熔孔大小和形状。合适的熔孔大小如图 2-58 所示。立焊熔孔可以比平焊时稍大些，熔池表面呈水平的椭圆形较好，如图 2-59 所示。此时焊条末端离试板底平面 1.5~2 mm，大约有一半电弧在试板间隙后面燃烧。

焊接过程中电弧尽可能地短些，使焊条药皮熔化时产生的气体和熔渣能可靠地保护熔池，防止产生气孔。每当焊完一根焊条收弧时，应将电弧向左或右下方回拉约 10~15 mm，并将电弧迅速拉长直至熄灭，这样可避免弧坑处出现缩孔，并使冷却后的熔池形成一个缓坡，有利于接头。

（4）控制好接头质量。打底焊道上的接头好坏，对背面焊道的影响最大，接不好接头可能会出现凹坑，局部凸起太高，甚至会产生焊瘤，因此要特别注意接头方法，在更换焊条进行中间接头时，可采用热接法或冷接法。

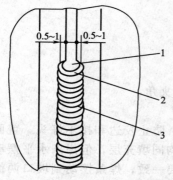

图 2-58 立焊时的熔孔（单位：mm）
1—熔孔；2—熔池；3—焊缝

（a）椭圆形熔孔 （b）温度高时的熔孔

图 2-59 熔池的形状

当采用热接法时，就是更换焊条要迅速，在前一根焊条的熔池还没有完全冷却呈红热状态时，焊条角度比正常焊接时约大 10°，在熔池上方约 10 mm 的一侧坡口面上引弧。电弧引燃后立即拉回到原来的弧坑上进行预热，然后稍作横向摆动向上施焊，并逐渐压低电弧，待填满弧坑电弧移至熔孔处时，将焊条向试件背面压送，并稍停留一会，当听到击穿声形成新熔孔时，再进行横向摆动向上正常施焊，同时将焊条恢复到正常焊接时的角度。采用热接法的接头，焊缝较平整，可避免接头脱节和未接上等缺陷，但技术难度较大。

在采用冷接法施焊前，先将收弧处焊缝打磨成缓坡状，然后按热接法的引弧位置和操作方法进行焊接。

在打底层焊接时，除应避免产生各种缺陷外，正面焊缝表面还应平整，避免出现凸形。否则在焊接填充层时，易产生夹渣、焊瘤等缺陷。

2. 填充焊

1）运条方法

运条方法采用锯齿形运条法。

2）焊条角度

焊条与焊缝成 65°~75°的夹角，与试板成 90°夹角。

3）焊接要点

焊填充层的关键是保证熔合好，焊道表面要平整。填充层在施焊前，应将打底层的熔渣和飞溅物清理干净，焊缝接头处的焊瘤等要打磨平整。运条方法同打底层一样，采用锯齿形横向摆动，但由于焊缝的增宽，焊条摆动的幅度应比打底层宽。焊条从坡口一侧摆至另一侧时应稍快些，防止焊缝形成凸形。焊条摆动到坡口两侧时要稍作停顿，电弧控制短些，保证焊缝与母材熔合良好和避免夹渣。但在焊接时，必须注意不能损坏坡口的棱边。

填充层焊完后的焊缝应比坡口边缘低 1~1.5 mm，使焊缝平整或呈凹形，便于盖面层时看清坡口边缘，为盖面层的施焊打好基础。

接头方法为迅速更换焊条，在弧坑的上方约 10 mm 处引弧，然后把焊条拉至弧坑处，沿弧坑的形状将弧坑填满，即可正常施焊。在焊道中间接头时，切不可直接在接头处引弧进行焊接，这样易使焊条端部的裸露焊芯在引弧时因无药皮的保护而产生的密集气孔留在焊缝中，而影响焊缝的质量。

3. 盖面焊

1）运条方法

运条方法采用锯齿形运条法。

2）焊条角度

焊条与焊缝成 70°~80°的夹角，与试板成 90°夹角。

3）焊接要点

盖面焊关键是焊道表面成形尺寸和熔合情况，防止咬边和接不好头。盖面层在施焊前应将前一层的熔渣和飞溅物清除干净，运条方法均同填充层，但焊条水平摆动幅度比填充层更宽。在施焊时应注意运条速度要均匀、宽窄要一致，焊条摆动到坡口两侧时应将电弧进一步压低，并稍作停顿，避免咬边，从一侧摆至另一侧时应稍微快些，防止产生焊瘤。

接头方法则是处理好盖面焊缝的中间接头，这是焊好盖面焊缝的一个重要环节。如果接头位量偏下，则其接头部位焊肉过高；如果接头位置偏上，则造成焊道脱节。其接头方法与填充焊相同。

任务评价

任务评价的内容如表 2-22 所示。

表 2-22 自 测 评 分

序号	检测项目	项目要求	配分	评分标准	检测结果	得分
1	焊缝尺寸	焊缝正面宽度 10~12 mm，余高 1.5~2.5 mm；背面宽度 6~8 mm，余高 2~3 mm	20	最大缝宽与最小缝宽度差 >2 mm 每 50 mm 长扣 3 分；>3 mm 每 50 mm 长扣 5 分；缝高低差 >2 mm 扣 3 分；>3 mm 扣 5 分		
2	直线度	—	4	焊缝要直，偏离中心线 >8 mm 扣 4 分		
3	焊缝成形	焊缝均匀美观	30	起头、接头过高或熔合不良，并与母材的断面不平齐扣 5 分；接头脱节或重叠过高扣 5 分；焊波粗大、高低不平每 100 mm 扣 5 分；焊缝两侧过渡不圆滑每 100 mm 扣 5 分；弧坑填充不饱满扣 5 分		
4	焊接缺陷	无夹渣	10	每处夹渣扣 5 分		
		无气孔	4	每个气孔扣 2 分		
		无咬边	10	深 <0.5 mm 每 20 mm 扣 2 分，深 >0.5 mm 每 20 mm 扣 5 分		
		无电弧擦伤	4	每处擦伤扣 2 分		
		无焊瘤	5	每个焊瘤扣 5 分		
		无角变形	5	角变形 >2° 扣 5 分		
5	工具使用	正确使用	4	不正确不得分		
6	安全文明生产	遵守	4	违者不得分		
总 分			100	总 得 分		

任务回顾

（1）立对接焊容易产生哪些缺陷？应如何避免这些缺陷？

（2）立对接焊焊接时应注意哪些事项？

任务五　板对接横焊

学习目标

1. 知识目标
（1）掌握焊条电弧焊横焊的参数选择要求。
（2）掌握焊条电弧焊横焊的运条方法。

2. 技能目标
（1）掌握焊条电弧焊横焊的操作要领。
（2）初步掌握 V 形坡横焊的单面焊双面成形操作技能。

3. 素质目标
（1）树立学生对企业员工的角色意识，确立基本的职业态度。
（2）通过分组学习，锻炼学生的团队协作意识。

任务描述

板厚 12 mm 的 V 形坡口对接横焊实作图样如图 2-60 所示。

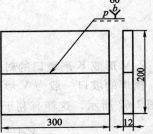

图 2-60　板对接横焊图样

知识准备

横焊是在垂直面上焊接水平焊缝的一种操作方法。在横焊时由于熔化金属受重力的作用，容易下淌而产生各种缺陷。因此应采用短弧焊接，并选用较小直径的焊条和较小的焊接电流以及适当的运条方法。推荐对接横焊的焊接参数如表 2-23 所示。

表 2-23　推荐对接横焊的焊接参数

焊缝横断面形式	焊件厚度或焊脚尺寸/mm	第一层焊缝		其他层焊缝		盖面焊缝	
		焊条直径/mm	焊接电流/A	焊条直径/mm	焊接电流/A	焊条直径/mm	焊接电流/A
	2	2	45 ~ 55	—	—	2	50 ~ 55
	2.5	3.2	75 ~ 110	—	—	3.2	80 ~ 110
	3 ~ 4	3.2	80 ~ 120	—	—	3.2	90 ~ 120
		4	120 ~ 160	—	—	4	120 ~ 160
	5 ~ 8	3.2	80 ~ 120	3.2	90 ~ 120	3.2	90 ~ 120
				4	120 ~ 160	4	120 ~ 60
	≥9	3.2	90 ~ 120	140 ~ 160		3.2	90 ~ 120
		4	140 ~ 160			4	120 ~ 160
	14 ~ 18	3.2	90 ~ 120	4	140 ~ 160	—	—
		4	140 ~ 160				
	≥19	—	140 ~ 160	—	140 ~ 60	—	—

1. I 形坡口的对接横焊

当板厚为 3 ~ 5 mm 时，可采用 I 形坡口的对接双面焊。在正面焊时选用直径为 3.2 ~ 4 mm 的焊条，施焊时的角度如图 2-61 所示。当焊件较薄时，可用直线往返形运条法焊接，使熔池中的熔化金属有机会凝固，可以防止焊穿。当焊件较厚时，可采用短弧直线形或小斜圆圈形运条法焊接，以便得到合适的熔深。焊接速度应稍快些，且要均匀，避免焊条的熔化金属过多地聚集在某一点上，形成焊瘤和焊缝上部咬边等缺陷。在打底焊时，宜选用细焊条，一般取直径为 3.2 mm 的焊条，焊接电流应稍大些，用直线运条法焊接。

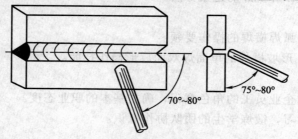

图 2-61　I 形坡口对接横焊时的焊条角度

2. V 形或 K 形坡口的对接横焊

横焊的坡口一般为 V 形或 K 形，其坡口的特点是下板开 I 形坡口或坡口角度小于上板，如图 2-62 所示，这样有利于焊缝成形。

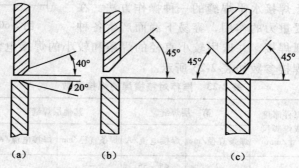

（a）　　　　（b）　　　　（c）

图 2-62　横焊时对接接头的坡口形式

材料准备

（1）试件材料：Q235。

（2）试件尺寸：试件尺寸如图 2-60 所示。

（3）焊接工具：WS-315 焊机 1 台、焊条若干根。

（4）辅助工具：护目镜、钢丝刷等。

任务实施

一、试板装配尺寸

试板装配尺寸如表 2-24 所示。

表 2-24 试板装配尺寸

坡口角度/(°)	装配间隙/mm	钝边/mm	反变形量/(°)	错边量/mm
60	始焊端3.2，终焊端4.0	0	6~8	≤1

二、焊接参数

板对接横焊的焊接参数如表 2-25 所示。

表 2-25 板对接立焊的焊接参数

焊接层次	焊条直径/mm	焊接电流/A
打底层	2.5	60~75
填充层	3.2	150~160
盖面层		130~140

三、焊接要点

在横焊时，熔化金属在自重作用下容易下淌，在焊缝上侧容易产生咬边，下侧容易产生下坠或焊瘤等缺陷。因此，要选用较小直径的焊条，小的焊接电流，多层多道焊，短弧操作。

1. **焊道分布**

焊道分布为单面焊，四层七道，如图 2-63 所示。

2. **焊接位置**

试板固定在垂直面上，焊缝在水平位置，间隙小的一端放在左侧。

3. **打底焊**

打底层横焊时的焊条角度，如图 2-64 所示。

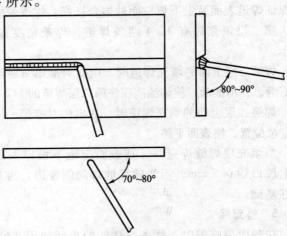

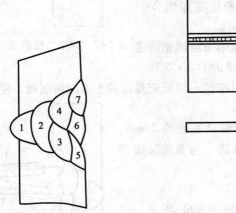

图 2-63 平板对接横焊焊道分布

图 2-64 平板对接打底层横焊时的焊条角度

焊接时在始焊端的定位焊缝处引弧，稍作停顿预热，然后上下摆动向右施焊，待电弧到达定位焊缝的前沿时，将焊条向试件背面压，同时稍作停顿，这时可以看到试板坡口根部被熔化并击穿，形成了熔孔，此时焊条可上下做锯齿形摆动，如图 2-65 所示。

为保证打底焊道获得良好的背面焊缝，电弧要控制短些，焊条摆动，向前移动的距离不宜过大,焊条在坡口两侧停留时要注意,上坡口停留的时间要稍长,焊接电弧的 1/3 保持在熔池前,用来熔化和击穿坡口的根部。电弧的 2/3 覆盖在熔池上并保持熔池的形状和大小基本一致,还要控制熔孔的大小,使上坡口面熔化约 1 ~ 1.5 mm,下坡口面熔化约 0.5 mm,保证坡口根部熔合好,如图 2-66 所示。在施焊时,若下坡口面熔化太多,试板背面焊道易出现下坠或产生焊瘤。

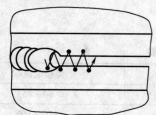

图 2-65 平板横焊时的运条方法

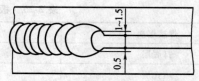

图 2-66 平板横焊时的熔孔

收弧的方法是当焊条即将焊完,需要更换焊条收弧时,将焊条向焊接的反方向拉回10 ~ 15 mm,并逐渐抬起焊条,使电弧迅速拉长,直至熄灭。这样可以把收弧缩孔消除或带到焊道表面,以便在下一根焊条焊接时将其熔化掉。

4. 填充焊

在焊填充层时,必须保证熔合良好,防止产生未熔合及夹渣。

填充层在施焊前,先将打底层的熔渣及飞溅物清除干净,焊缝接头过高的部分应打磨平整,然后进行填充层焊接。第一层填充焊道为单层单道,焊条的角度与填充层相同,但摆幅稍大些。

焊第一层填充焊道时,焊条角度同打底焊,焊接时必须保证焊道表面及上下坡口面处熔合良好,焊道表面平整。

第二层填充焊有 3、4 两条焊道,焊条角度如图 2-67 所示。

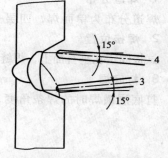

图 2-67 焊第二层焊道时焊条的角度

焊第二层下面的填充焊道时,电弧对准第一层填充焊道的下沿,并稍摆动,使熔池能压住第二层焊道的 1/2 ~ 2/3。

焊第二层上面的填充焊道时,在电弧对准第一层填充焊道的上沿时稍摆动,使熔池正好填满空余位置,使表面平整。

当填充层焊缝焊完后,其表面应距下坡口表面约 2 mm,距上坡口约 0.5 mm,不要破坏坡口两侧棱边,为盖面层施焊打好基础。

5. 盖面焊

在盖面层施焊时,焊条与试件的角度如图 2-68 所示。焊条与焊接方向的角度与打底焊相同,盖面层焊缝共 5、6、7三道,依次从下往上焊接。

在焊盖面层时,焊条摆幅和焊接速度要均匀,并采用较短的电弧,每条盖面焊道要压住前一条填充焊道的 2/3。在焊接最下面的盖面焊道时,要注意观察试板坡口下边的熔化情况,

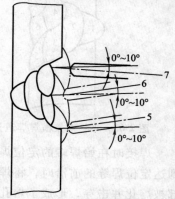

图 2-68 盖面焊道的焊条角度

保持坡口边缘均匀熔化，并避免产生咬边、未熔合等现象。

在焊中间的盖面焊道时，要控制电弧的位置，使熔池的下沿在上一条盖面焊道的 1/2 ~ 2/3 处。

上面的盖面焊道是接头的最后一条焊道，操作不当容易产生咬边，铁液下淌。在施焊时，应适当增大焊接速度或减小焊接电流，将铁液均匀地熔合在坡口的上边缘，适当地调整运条速度和焊条角度，避免铁液下淌、产生咬边，以得到整齐、美观的焊缝。

任务评价

任务评价的内容如表 2-26 所示。

表 2-26　自 测 评 分

序号	检测项目	项目要求	配分	评分标准	检测结果	得分
1	焊缝尺寸	焊缝每侧比坡口增宽 0.5 ~ 2.5 mm，余高 0 ~ 3 mm	25	焊缝宽每超差 1 mm 扣 3 分；最大缝宽与最小缝宽度差 >2 mm 每 50 mm 长扣 3 分；>3 mm 每 50 mm 长扣 5 分；缝高低差 >2 mm 扣 3 分；>3 mm 扣 5 分；余高每超差 0.5 mm 扣 2 分		
2	直线度	—	5	焊缝要直，偏离中心线 >8 扣 5 分		
3	焊缝成形	焊缝均匀美观	30	起头、收尾与母材的端面不平齐扣 5 分；接头脱节或重叠过高扣 5 分；焊道重叠过高或有凹沟每 20 mm 长扣 3 分；焊波粗大、高低不平每 100 mm 扣 5 分；焊缝两侧过渡不圆滑每 100 mm 扣 5 分		
4	焊接缺陷	无夹渣	10	每处夹渣扣 5 分		
		咬边 <0.5 mm	12	咬边 >0.5 mm 每 20 mm 扣 3 分，>1 mm 每 20 mm 扣 5 分		
		无未熔合	3	每处熔和不良扣 3 分		
		弯曲变形 <3°	5	工件弯曲变形 >3° 扣 5 分		
5	工具使用	正确使用	5	不正确不得分		
6	安全文明生产	遵守	5	违者不得分		
总　　分			100	总　得　分		

任务回顾

（1）横焊时容易出现哪些缺陷？应如何防止这些缺陷产生？

（2）简述横焊常用运条方法及运用范围。

（3）多层多道焊的焊条角度一般如何选择？

任务六　板对接仰焊

学习目标

1. 知识目标

（1）掌握焊条电弧焊仰焊的参数选择要求。

（2）掌握焊条电弧焊仰焊的运条方法。

2. 技能目标

（1）掌握焊条电弧焊仰焊的操作要领。

（2）初步掌握 V 形坡仰焊的单面焊双面成形操作技能。

3. 素质目标

（1）树立学生对企业员工的角色意识，确立基本的职业态度。

（2）通过分组学习，锻炼学生的团队协作意识。

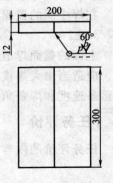

 任务描述

板厚 12 mm 的 V 形坡口对接仰焊实作图样如图 2-69 所示。

图 2-69　板对接仰焊图样

知识准备

仰焊时焊缝位于燃烧电弧的上方。焊工在仰视位置进行焊接时，劳动强度大。仰焊是最难焊的一种焊接位置。由于仰焊时熔化金属在重力的作用下，较易下淌，熔池形状和大小不易控制，容易出现夹渣、未焊透、凹陷等缺陷，运条困难，表面不易焊得平整。在焊接时，必须正确选用焊条直径和适当的焊接电流，以便减少熔池的面积，尽量使用厚药皮焊条并维持最短的电弧，以有利于熔滴在很短时间内过渡到熔池中，促使焊缝成形。

1. I 形坡口的对接仰焊

当焊件的厚度小于 4 mm 时，可采用 I 形坡口的对接仰焊。应选用直径为 3.2 mm 的焊条，焊条角度如图 2-70 所示。当接头间隙小时可用直线形运条法。接头间隙稍大的则可用直线往返形运条法焊接。当焊件较厚时用锯齿形运条法焊接。焊接电流选择应适中，若焊接电流太小，电弧不稳，会影响熔深和成形；若焊接电流太大，则会导致熔化金属淌落和焊穿等。

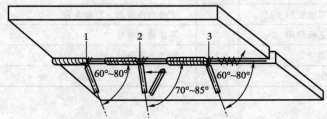

图 2-70　I 形坡口的对接仰焊焊条角度
① 直线形运条　② 直线往复形运条　③ 锯齿形运条

2. V 形坡口的对接仰焊

当焊件的厚度大于 5 mm 时，可采用开 V 形坡口的对接仰焊，常用多层焊或多层多道焊。在焊接第一层焊缝时，可采用直线形、直线往返形、锯齿形运条法，要求焊缝表面要平直，不能向下凸出；在焊接第二层以后的焊缝时，采用锯齿形或月牙形运条法，如图 2-71 所示。但无论采用哪种运条法，焊成的焊道均不宜过厚。焊条的角度应根据每一条焊道的位置作相应的调整，以利于熔滴金属的过渡并获得较好的焊缝成形。

对接接头的仰焊推荐对接接头的仰焊的焊接参数见表 2-27 所示。

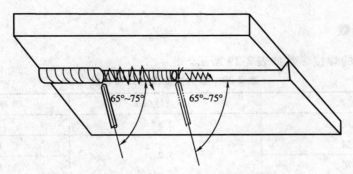

图 2-71　V 形坡口的对接仰焊焊条角度

表 2-27　推荐对接接头仰焊的焊接参数

焊缝横断面形式	焊件厚度或焊脚尺寸/mm	第一层焊缝		其他各层焊缝		盖面焊缝	
		焊条直径/mm	焊接电流/A	焊条直径/mm	焊接电流/A	焊条直径/mm	焊接电流/A
	2	—	—	—	—	2	40 ~ 60
	2.5	—	—	—	—	3.2	80 ~ 110
	3 ~ 5	—	—	—	—	3.2	85 ~ 110
						4	120 ~ 160
	5 ~ 8	3.2	90 ~ 120	3.2	90 ~ 120	—	—
				4	140 ~ 160		
	≥9	3.2	90 ~ 120	4	140 ~ 160	—	—
		4	140 ~ 160				
	12 ~ 18	3.2	90 ~ 120	4	140 ~ 160	—	—
		4	140 ~ 160				
	≥19	4	140 ~ 160	4	140 ~ 160	—	—

材料准备

（1）试件材料：Q235。

（2）试件尺寸：试件尺寸见图 2-69。

（3）焊接工具：WS-315 焊机 1 台、焊条若干根。

（4）辅助工具：护目镜、钢丝刷等。

任务实施

一、试板装配尺寸

试板装配尺寸如表 2-28 所示。

表 2-28　试板装配尺寸

坡口角度/(°)	装配间隙/mm	钝边/mm	反变形量/(°)	错边量/mm
60	始焊端 3.2，终焊端 4.0	0	3 ~ 4	≤1

二、焊接参数

板对接仰焊的焊接参数如表 2-29 所示。

表 2-29　板对接立焊的焊接参数

焊接层次	焊条直径/mm	焊接电流/A
打底层	2.5	60～80
填充层	3.2	100～120
盖面层		90～110

三、焊接要点

仰焊是各种焊接位置中最困难的一种焊接位置。由于熔池倒悬在焊件上面，焊条熔滴金属的重力阻碍熔滴过渡，熔池金属也受自身重力作用下坠。当熔池温度越高，表面张力越小，故仰焊时焊缝背面易产生凹陷。正面出现焊瘤，焊缝成形困难。因此，仰焊时必须保持最短的电弧长度，依靠电弧吹力使熔滴在很短的时间内过渡到熔池中，在表面张力的作用下，很快与熔池的液体金属汇合，促使焊缝成形。

1. 焊道分布

单面焊双面成形，四层四道如图 2-72 所示。

2. 焊接位置

试板固定在水平面内，坡口朝下，间隙小的一端放在左侧。

图 2-72　板对接仰焊焊道分布

3. 打底焊

打底层焊条的角度如图 2-71 所示。打底焊的关键是保证背面焊透，下凹小，正面平。在试板左端定位焊缝上引弧、预热，待电弧正常燃烧后，将焊条拉到坡口间隙处，并将焊条向上给送，待坡口根部形成熔孔时，转入正常焊接。

仰焊时要压低电弧，利用电弧吹力将熔滴送入熔池，采用小幅度锯齿形摆动，在坡口两侧稍停留，保证焊缝根部焊透。横向摆动幅度要小，摆幅大小和前进速度要均匀，停顿时间比其他焊接位置稍短些，使熔池尽可能小且浅，以防熔池金属下坠，造成焊缝背面下凹，正面出现焊瘤。

起头和接头在预热过程中、很容易出现熔渣与铁水混在一起和熔渣越前现象，这时应将焊条与上板夹角减小，以增大电弧吹力，此时千万不能灭弧，如灭弧就会出现夹渣现象。

收弧方法：每当焊完一根焊条要收弧时，应使焊条向试件的左或右侧回拉约 10～15 mm，并迅速提高焊条熄弧，使熔池逐渐减小，填满弧坑并形成缓坡，以避免在弧坑处产生缩孔等缺陷，并有利于下一根焊条的接头。

4. 填充焊

必须保证坡口面熔合好，焊道表面平整。填充层在施焊前，应将前一层的熔渣、飞溅清除干净，焊缝接头处的焊瘤应打磨平整。焊条角度和运条方法均同打底层。但焊条横向摆动幅度比打底层宽，并在平行摆动的拐角处稍作停顿，电弧要控制短些，使焊缝与母材熔合良好，避免夹渣。焊接第二层填充层时，必须注意不能损坏坡口的棱边。焊缝中间运条速度要稍快，两侧稍做停顿，形成中部凹形的焊缝。填充层焊完后的焊缝应比坡口上棱边低 1 mm 左右。但不能熔化坡口的棱边，以便焊盖面层时好控制焊缝的平直度。

5. 盖面焊

要控制好盖面焊道的外形尺寸，并防止咬边与焊瘤。

盖面层在施焊前，应将前一层熔渣和飞溅清除干净，施焊的焊条角度与运条方法均同填充层的焊接，但焊条水平横向摆动的幅度比填充层更宽，摆至坡口两侧时应将电弧进一步缩短，并稍作停顿。注意两侧熔合情况，以避免咬边。从一侧摆至另一侧时应稍快一些，以防熔池金属的下坠而产生焊瘤。

任务评价

任务评价的内容如表 2-30 所示。

表 2-30 自 测 评 分

序号	检测项目	项目要求	配分	评分标准	检测结果	得分
1	焊缝尺寸	焊缝每侧比坡口增宽 0.5 ~ 2.5 mm，余高 0 ~ 3 mm	25	焊缝宽每超差 1 mm 扣 3 分；最大缝宽与最小缝宽度差 > 2 mm 每 50 mm 长扣 3 分；> 3 mm 每 50 mm 长扣 5 分；缝高低差 > 2 mm 扣 3 分；> 3 mm 扣 5 分；余高每超差 0.5 mm 扣 2 分；		
2	直线度	—	5	焊缝要直，偏离中心线 > 8 mm 扣 5 分		
3	焊缝成形	焊缝均匀美观	30	起头、收尾与母材的端面不平齐扣 5 分；接头脱节或重叠过高扣 5 分；焊道重叠过高或有凹沟每 20 mm 长扣 3 分；焊波粗大、高低不平每 100 mm 扣 5 分；焊缝两侧过渡不圆滑每 100 mm 扣 5 分		
4	焊接缺陷	无夹渣	10	每处夹渣扣 5 分		
		咬边 < 0.5mm	12	咬边 > 0.5 mm 每 20 mm 扣 3 分，> 1 mm 每 20 mm 扣 5 分		
		无未熔合	3	每处熔和不良扣 3 分		
		弯曲变形 < 3°	5	工件弯曲变形 > 3° 扣 5 分		
5	工具使用	正确使用	5	不正确不得分		
6	安全文明生产	遵守	5	违者不得分		
	总　　分		100	总　得　分		

任务回顾

（1）仰焊的特点有哪些？操作时有什么困难？

（2）如何焊好仰焊接头？

（3）电弧长度对仰焊质量有何影响？

任务七　管对接垂直固定焊

学习目标

1. 知识目标

（1）掌握焊条电弧焊管对接垂直固定焊的参数选择。

（2）掌握焊条电弧焊管对接垂直固定焊的运条方法。

2. 技能目标

掌握焊条电弧焊管对接垂直固定焊的操作要领。

3. 素质目标

（1）树立学生对企业员工的角色意识，确立基本的职业态度。

（2）通过分组学习，锻炼学生的团队协作意识。

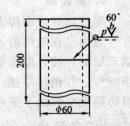

图 2-73　管对接垂直固定焊图样

任务描述

直径为 60 mm 的管对接垂直固定焊实作图样如图 2-73 所示。

知识准备

管对接垂直固定焊是管口朝着上和下，焊缝呈水平旋转的焊接形式。管对接垂直固定焊的特点与板横焊极为相似，其不同于板对接横焊的是焊工在焊接过程中要不断地按着管子曲率移动身体，并逐渐调整焊条沿着管子圆周转动，给操作者带来了一定的困难。

大直径薄壁管垂直固定焊单面焊双面成形时，液态的金属受到重力的影响，极易下坠形成焊瘤或下坡口边缘融合不良，坡口上侧则易产生咬边等缺陷。因此焊接过程中应该始终保持较短的电弧，较少的液态金属送给量和较快的间断熄弧频率，以有效的控制熔池温度，从而防止液态金属下坠，并且焊条角度随着环形焊缝的变化而变化，来获得满意的焊缝成形。一般常采用直线运条。

试件装配定位焊所有的焊条应与正式焊接所有的焊条相同，按圆周方向均布 3 处，大管子可焊 2~3 处，小管子可焊 1~2 处，每处定位焊缝长 10~15 mm。装焊好的管子应预留间隙，并保证同心。定位焊除了在管子坡口内直接进行外，也可用连接板在坡口外进行装配点固。试件装配定位可采用图 2-74 所示三种形式中的任意一种。

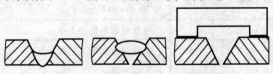

（a）正式定位焊缝　（b）非式定位焊缝　（c）定位板定位焊缝

图 2-74　定位焊缝的形式

图 2-74（a）所示为直接在管子坡口内进行定位焊，定位焊缝是正式焊缝的一部分，因此定位焊缝应保证焊透、无缺陷。试件固定好后，将定位焊缝的两端打磨成缓坡形，待正式焊接时，焊至定位焊处，只需将焊条稍向坡口内给送，以较快的速度通过定位焊缝，过渡到前面的坡口处，继续向前施焊。图 2-74（b）所示为非正式定位焊，焊接时应保持试件坡口根部的棱边不被破坏，待正式焊缝焊至定位焊处，将非正式定位焊缝打磨掉，并继续向前施焊。图 2-74（c）所示为采用定位板进行试件的装配固定，这种方法不破坏试件的坡口，待焊至定位板处时将定位板打掉，并继续向前施焊。无论采用哪种定位焊，都不允许在仰焊位置进行点固（时钟 6 点处）。

材料准备

（1）试件材料：20 钢，ϕ60 mm × 100 mm，开 V 形坡口。

（2）试件尺寸：试件尺寸如图 2-73 所示。

（3）焊接工具：WS－315焊机1台、焊条若干根。

（4）辅助工具：护目镜、钢丝刷等。

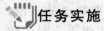 **任务实施**

一、试板装配尺寸

试板装配尺寸如表2-31所示。

表2-31　试板装配尺寸

坡口角度/(°)	装配间隙/mm	钝边/mm
60	前2.5，后3.0	0～1

二、焊接参数

管对接垂直固定焊的焊接参数如表2-32所示。

表2-32　板对接立焊的焊接参数

焊接层次	焊条直径/mm	焊接电流/A
1	φ2.5	70～80
2	φ3.2	90～100

三、焊接要点

1. 焊道分布

单面焊双面成形，两层三道，如图2-75所示。

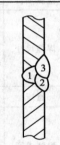

图2-75　焊道分布

2. 打底焊

打底焊的关键是保证焊透，焊件不能烧穿焊漏。打底层施焊时，焊条与焊件之间的角度如图2-76所示。起焊时采用划擦法将电弧在坡口内引燃，待看到坡口两侧金属局部熔化时，焊条向坡口根部压送，熔化并击穿坡口根部，将熔滴送到坡口背面，此时可听到背面电弧的穿透声，这时便形成了第一个熔池，将焊条向焊接的反方向做划跳动作迅速灭弧，使熔池降温，待熔池变暗时，在距离熔池前约5 mm的位置重新引燃电弧，压低电弧向前施焊，形成熔池后灭弧。如此反复采用一点击穿法向前施焊。

更换焊条收弧时，将焊条继续向熔池后方点2～3下，缓降熔池的温度，将收弧的缩孔消除或带到焊缝表面。

焊接封闭接头前，先将焊缝端部打磨成缓坡形，然后再焊，焊到缓坡前沿时，电弧向坡口根部压送并稍作停留，然后焊过缓坡，直至超过正式焊缝5 mm左右，填满弧坑后熄灭。

3. 盖面焊

盖面焊主要是保证表面平整、尺寸合格。焊前将上一层焊缝的焊

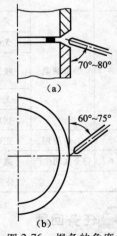

（a）

（b）

图2-76　焊条的角度

渣及飞溅清理干净，将焊缝接头处打磨平整。然后进行焊接，盖面层分上、下两道进行焊接，焊接时由下至上进行施焊。

盖面层焊接时，运条要均匀，采用短弧焊，焊焊道 2 时，电弧应对准焊道的下沿，焊条角度为 70°~80°，稍作横向摆动，使熔池下沿稍超过坡口下棱边；焊焊道 3 时为防止咬边或熔滴下坠现象，要适当增大焊接速度或减小焊接电流，调整焊条角度，焊条角度为 60°~70°，以保证焊缝外观均匀、整齐、平整。

4. 注意事项

（1）施焊时，管对接试样固定不得转动角度，以人动试件不动为准则。

（2）由于熔化金属受重力的作用，容易下淌，而产生坡口上侧咬边，应严格用短弧直径较小的焊条，恰当的运条技巧进行横焊。

（3）清渣时要待熔渣冷却后，要仔细清理熔渣，不得在高温时用尖锤敲击。

（4）焊接时将焊条弯曲一定的弧度和弯度施焊，是一个很好的窍门，在弯曲时要小心药皮不要出现裂纹或脱落。

任务评价

任务评价的内容如表 2-33 所示。

表 2-33　自 测 评 分

序号	检测项目	项目要求	配分	评分标准	检测结果	得分
1	焊缝尺寸	焊缝每侧比坡口增宽 0.5~2.5 mm，余高 0~3 mm	25	焊缝宽每超差 1 mm 扣 3 分；最大缝宽与最小缝宽度差 >2 mm 每 50 mm 长扣 3 分；>3 mm 每 50 mm 长扣 5 分；缝高低差 >2 mm 扣 3 分；>3 mm 扣 5 分；余高每超差 0.5 mm 扣 2 分；		
2	通球	管内径 85%	15	未通过者不得分		
3	焊缝成形	焊缝均匀美观	15	起头、收尾与母材的端面不平齐扣 5 分；接头脱节或重叠过高扣 5 分；焊道重叠过高或有凹沟每 20 mm 长扣 3 分；焊波粗大、高低不平每 20 mm 长扣 5 分；焊缝两侧过渡不圆滑每 20 mm 长扣 5 分		
4	焊接缺陷	无夹渣	10	每处夹渣、焊瘤扣 5 分		
		无焊瘤	5	每处焊瘤扣 3 分		
		咬边 <0.5 mm	5	咬边 >0.5 mm 每 20 mm 长扣 3 分，>1 mm 每 20 mm 长扣 5 分		
		无未熔合	3	每处容和不良扣 3 分		
		扰度 <3°	2	工件扰度 >3°扣 2 分		
5	工具使用	正确使用	5	不正确不得分		
6	安全文明生产	遵守	5	违者不得分		
总　　分			100	总　得　分		

任务回顾

（1）简述管焊接垂直固定焊与板对接横焊的异同点是什么？

（2）垂直固定管打底焊对盖面焊有何影响？怎样焊好打底，特别是接头如何操作？

（3）多道焊时（自下而上焊），道与道的焊接为何不必敲渣？敲渣对焊接和焊缝有何影响？

任务八 管对接水平固定焊

学习目标

1. 知识目标

（1）掌握焊条电弧焊管对接水平固定焊的参数选择。

（2）掌握焊条电弧焊管对接水平固定焊的运条方法。

2. 技能目标

掌握焊条电弧焊管对接水平固定焊的操作要领。

3. 素质目标

（1）树立学生对企业员工的角色意识，确立基本的职业态度。

（2）通过分组学习，锻炼学生的团队协作意识。

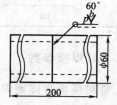

图 2-77 管对接垂直固定焊图样

任务描述

直径为 60 mm 管对接水平固定焊实作图样如图 2-77 所示。

知识准备

水平固定的管对接是全位置焊，也是所有项目中最难掌握的。必须在同时掌握了板对接接头的平焊、立焊、仰焊三种位置的单面焊双面成形技术的基础上才能进行焊接。

焊接的操作姿势可以分为两类：

（1）侧身位：人站在焊缝的左侧进行施焊，如图 2-78（a）所示。

（2）正位：人站在焊缝的正中心施焊，如图 2-78（b）所示。

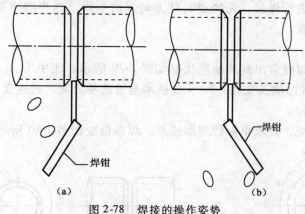

图 2-78 焊接的操作姿势

材料准备

（1）试件材料：20 钢。

（2）试件尺寸：试件尺寸如图 2-77 所示。

（3）焊接工具：WS－315焊机1台、焊条若干根。

（4）辅助工具：护目镜、钢丝刷等。

任务实施

一、试板装配尺寸

在焊件上半部焊接时钟2点和10点的位置进行定位焊，焊缝长度约10 mm。焊件要求焊透，不得有气孔、夹渣、未焊透等缺陷，焊点两端修磨成斜坡，以利于接头。

试板装配尺寸如表2-34所示。

表2-34 试板装配尺寸

坡口角度/(°)	装配间隙/mm	钝边/mm
60	前2.5，后3.0	0~1

二、焊接参数

管对接垂直固定焊的焊接参数如表2-35所示。

表2-35 板对接立焊的焊接参数

焊接层次	焊条直径/mm	焊接电流/A
打底层	2.5	75~85
盖面层		70~80

三、焊接要点

采用两层两道焊接。水平固定焊接常从管子仰位开始分两半周焊接。将焊件按时钟面分成两个相同的半周进行焊接，先按逆时针方向焊前半周，称为前半圈；后按顺时针方向焊后半周，称为后半圈。

1. 打底层

水平固定管根部焊缝常出现的缺陷状况如图2-79所示，图中1、5、6处产生缺陷的可能性较大；2处易出现凹坑及气孔；3、4处铁水与熔渣易分离，透性良好；5处易出现焊透程度过分及透度不均匀。

打底层采用断弧法，要求单面焊双面成形，焊条角度如图2-80所示。

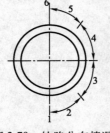

图2-79 缺陷分布情况

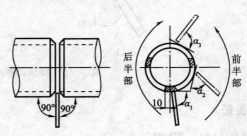

图2-80 焊条角度

$\alpha_1 = 80° \sim 85°$　　$\alpha_2 = 75° \sim 80°$　　$\alpha_3 = 85° \sim 90°$

1）前半部焊接

仰焊位：首先从底部偏左 10 mm 处采用直击法引弧，然后拉长电弧预热 1～2 s 后迅速压低电弧使其在坡口内壁燃烧，这时在坡口两侧各形成一个焊点，再使两个焊点充分熔合到一起后熄弧，形成一个完整的熔池。这时在坡口两侧可看到一个熔孔，等到熔池颜色开始由亮变暗时再接弧，下次接弧要将电弧完全伸至管内壁使电弧在壁内燃烧，每次接弧的覆盖量只能压住原熔池的 1/3 左右，不能压得太多，否则不易焊透、背面产生内凹，接弧位置要准确，短弧操作。每次引弧要听到管内有"噗噗"的响声后再熄弧，熄弧时采用向上挑弧，动作要果断、利索。更换焊条前收弧时要注意填满弧坑，以免产生冷缩孔。

（1）顺接头：接头时动作要迅速，在弧坑前方坡口处引弧并拉长电弧预热后，迅速压低电弧运条至接头处向上顶送焊条，使焊条端头和管内壁平齐，并稍作停顿一下再熄弧，转入正常焊接。

（2）仰焊位—立焊位：焊接到此位置时，焊条的伸入量约是管壁的 2/3 左右，焊条的角度要随时调整。

（3）反接头：当焊接到离定位焊反接头处还有 4 mm 时，焊条做圆圈摆动后往里压一下电弧，听到击穿后，使焊条在接头处稍作摆动，填满弧坑后熄弧。

（4）立焊位—平焊位：当焊接到此位置时，焊条不能伸入太多，大约是管壁的 1/3 左右，并要注意观察熔池的温度，避免产生焊瘤，并且焊过中心线 10 mm 左右，收弧时要填满弧坑。

2）后半部焊接

焊前首先要彻底清除仰焊接头处的缺陷，可用电弧或角向磨光机将接头处铲成缓坡形状，这样便于接头。焊接时在仰焊反接头偏后 10 mm 处引弧，预热 2～3 s 后迅速压低电弧，随后马上将焊条向上顶，使其在壁内燃烧，形成完整的熔池后再熄弧，如此反复操作。其余方法同前半部一致，当焊接到平焊位置封口时，采用划圆圈法往里轻压一下电弧，待听到击穿声后，使焊条在接头处稍作摆动，填满弧坑后熄灭弧。

2. 盖面层焊接

电流和焊条角度同打底层一致，焊接顺序同打底时相反，即先焊后半部，再焊前半部。首先在底部中心线偏右 10 mm 处引弧，拉长电弧预热 2～3 s 后迅速压短电弧形成熔池，待熔池形成后再向前运条，运条时采用短弧在坡口两侧稍作停留。当运条至仰焊爬坡处时要加快运条速度，仔细观察熔池的形状，温度太高时，可采用反月牙形运条，焊至平焊位置时，焊条可垂直摆动，并焊过中心线 10 mm 左右为宜。仰焊反接头时要彻底清除起焊处的缺陷，并铲成缓坡状，焊接方法同前半部一致。

任务评价

任务评价的内容如表 2-36 所示。

表 2-36　自 测 评 分

序号	检测项目	项目要求	配分	评分标准	检测结果	得分
1	焊缝尺寸	焊缝每侧比坡口增宽 0.5～2.5 mm，余高 0～3 mm	25	焊缝宽每超差 1 mm 扣 3 分；最大缝宽与最小缝宽度差 >2 mm 每 50 mm 长扣 3 分；>3 mm 每 50 mm 长扣 5 分；缝高低差 >2 mm 扣 3 分；>3 mm 扣 5 分；余高每超差 0.5 mm 扣 2 分。		

序号	检测项目	项目要求	配分	评分标准	检测结果	得分
2	通球	管内径85%	5	未通过者不得分		
3	焊缝成形	焊缝均匀美观	30	接头脱节或重叠过高扣5分；焊道重叠过高或有凹沟每20 mm长扣3分；焊波粗大、高低不平每20 mm扣5分；焊缝两侧过渡不圆滑每20 mm扣5分		
4	焊接缺陷	无夹渣	10	每处夹渣扣5分		
		无焊瘤	5	每处焊瘤扣3分		
		无焊漏	5	每处焊漏扣3分		
		咬边＜0.5mm	5	咬边＞0.5 mm每20 mm扣3分，＞1 mm每20 mm扣5分		
		无未熔合	5	每处熔和不良扣5分		
5	工具使用	正确使用	5	不正确不得分		
6	安全文明生产	遵守	5	违者不得分		
总　　分			100	总　得　分		

任务回顾

（1）管对接水平固定焊装配及定位焊有哪些要求？

（2）简述管对接水平固定焊的操作顺序及内容。

（3）管对接水平固定焊易出现哪些缺陷？应如何把握运条？

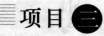

项目 三　　CO_2 气体保护焊

任务一　板对接平焊

学习目标

1. 知识目标

（1）了解 CO_2 气体保护焊的安全操作规程。

（2）熟悉 CO_2 气体保护焊基本操作。

2. 技能目标

掌握中厚板对接 CO_2 平焊 V 形坡口单面焊双面成形的操作步骤及操作要点。

3. 素质目标

（1）树立学生对企业员工的角色意识，确立基本的职业态度。

（2）通过分组学习，锻炼学生的团队协作意识。

任务描述

厚 12 mm 的 V 形坡口对接平焊实作图样如图 3-1 所示。

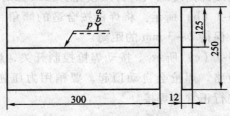

图 3-1　板对接平焊图样

知识准备

与焊条电弧焊相同，CO_2 气体保护焊的基本操作也需要掌握引弧、收弧、接头、摆动等技能。由于焊接过程中没有焊条的送进运动，只需维持弧长不变，并根据熔池情况摆动和移动焊枪，所以操作起来相对较容易。

一、CO_2 气体保护焊的基本操作

1. 持枪姿势

根据焊件高度，身体成下蹲、坐姿或站立姿势，脚要站稳，右手握焊枪，手臂处于自然状态，焊枪软管应舒展，手腕能灵活带动焊枪平移和转动，焊接过程中能维持焊枪倾角不变，并可方便地观察熔池。图 3-2 所示为焊接不同位置焊缝时的正确持枪姿势。

图 3-2 正确持枪姿势

2. 焊枪的摆动方法

与焊条电弧焊相同，为了控制焊缝的宽度和良好的焊缝成形，CO_2 气体保护焊焊枪也要做横向摆动。常用的摆动方法有直线形、直线往返形、锯齿形、月牙形等。平板对接焊时，焊枪应根据坡口间隙的大小采用不同的焊枪摆动方式，当坡口间隙较小，为 0.2 ~ 1.4 mm 时，一般采用直线焊接或在焊接时做小幅度摆动；当坡口间隙为 1.2 ~ 2.0 mm 时，采用锯齿形的小幅度摆动，在焊道中心稍快些移动，而在坡口两侧停留 0.5 ~ 1 s；当坡口间隙更大时，焊枪在横向摆动的同时还要前后摆动，这时不应使电弧直接作用在间隙上。为了使单层单道焊得到较大的焊脚尺寸，焊接平角焊缝时，可以采用小电流、做前后摆动的方法；焊接船形焊角焊缝时，可以采用月牙形摆动方法。

3. 引弧

与焊条电弧焊引弧方法稍有不同，不采用划擦引弧，主要采用碰撞引弧，但引弧时不必抬起焊枪。具体操作如下：

（1）引弧前剪去超长部分，如图 3-3（a）所示。引弧前先按遥控盒上的点动开关或焊枪上的控制开关，点动送出一段焊丝，焊丝伸出长度小于喷嘴与焊件间应保持的距离，超长部分应剪去。如果焊丝的端部出现球状时必须预先剪去，否则会使引弧困难。

（2）准备引弧，如图 3-3（b）所示。将焊枪按合适的倾角和喷嘴高度放在引弧处，此时焊丝端部与焊件未接触，保持 2 ~ 3 mm 的距离。

（3）引弧过程，如图 3-3（c）所示。按动焊枪控制开关，焊机自动提前送气，延时接通电源，焊丝与焊件接触短路，焊枪会自动顶起，要稍用力压住焊枪，瞬间引燃电弧后移向焊接处，待金属熔化后进行正常的焊接。

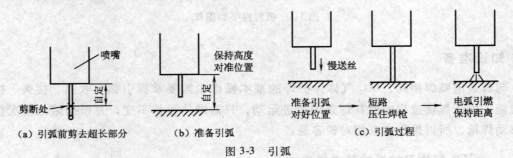

（a）引弧前剪去超长部分　　（b）准备引弧　　　　（c）引弧过程

图 3-3　引弧

4. 收弧

一条焊道焊完后或中断焊接，必须收弧。焊机没有电流衰减装置时，焊枪在弧坑处停留一下，并在熔池未凝固前，反复断弧、引弧 2 ~ 3 次，待熔滴填满弧坑时断电，操作时动作要快，若熔池已凝固才引弧，则可能产生未熔合及气孔等缺陷。若焊机有电流衰减装置时，焊枪在弧坑处停止前进，启动开关用衰减电流将弧坑填满，然后熄弧。

不论采用哪种方法收弧，操作时都须特别注意，收弧时焊枪隙停止前进，且不能抬高喷嘴，即使弧坑已填满，电弧已熄灭，也要让焊枪在弧坑处停留几秒后才能移开。因为熄弧后，控制线路仍保证延迟送气一段时间，以保证熔池凝固时能得到可靠的保护，若收弧时抬高焊枪，则容易因保护不良引起缺陷。

5. 接头

焊缝连接时接头好坏会直接影响焊缝质量。具体操作步骤如下：

（1）将待焊接头处用磨光机打磨成斜面。

（2）在焊缝接头斜面顶部引弧，引弧后，将电弧移至斜面底部，转一圈返回引弧处后再继续向左焊接。但要注意，这个操作很重要，引燃电弧后向斜面底部移动时，要观察熔孔：若未形成熔孔，则接头处背面焊不透；若熔孔太小，则接头处背面产生缩颈；若熔孔太大，则背面焊缝太宽或焊漏。

窄焊缝接头的方法：在原熔池前方 10～20 mm 处引弧，然后迅速将电弧引向原熔池中心，待熔化金属与原熔池边缘相吻合后，再将电弧引向前方，使焊丝保持一定的高度和角度，并以稳定的焊接速度向前移动，如图 3-4（a）所示。

宽焊缝摆动接头的方法：在原熔池前方 10～20 mm 处引弧，然后以直线方式将电弧引向接头处，在接头处开始摆动，并在向前移动的同时，逐渐加大摆动幅度（保持形成的焊缝与原焊缝宽度相同），最后转入正常焊接，如图 3-4（b）所示。

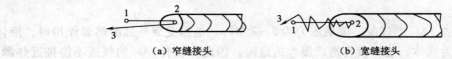

（a）窄缝接头　　　　　　　　（b）宽缝接头

图 3-4　焊缝接头

6. 焊枪的运动方向

焊枪的运动方向有左向焊法和右向焊法两种，如图 3-5 所示。

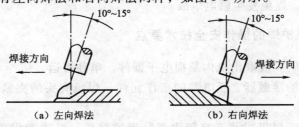

（a）左向焊法　　　　　　　　（b）右向焊法

图 3-5　CO₂ 焊时焊枪的运动方向

一般 CO₂ 焊多数情况下采用左向焊法，前倾角为 10°～15°。进行左向焊法操作时，焊枪自右向左移动，电弧的吹力作用在熔池及其前沿，将熔池金属向前推延，由于电弧不直接作用在母材上，所以熔深较浅，焊道平坦且窄，飞溅较大，保护效果好。进行左向焊法操作时，喷嘴不会挡住焊工视线，焊工能清楚地看见焊缝，故不容易焊偏，并且电弧对母材有预热作用，能得到较大的熔宽，焊缝成形质量也得到改善。所以，左向焊法应用比较普遍。

右向焊法操作时，焊枪自左向右移动，电弧直接作用到母材上，熔池能得到良好的保护，由于加热集中，热量可以充分利用，故熔深较大，焊道窄而高，飞溅略小。但因焊丝直指熔池，电弧将熔池中的液态金属向后吹，容易造成余高和焊波过大，影响焊缝成形质量，并且，焊接时喷嘴挡住待焊的焊缝，不便于观察焊缝的间隙，容易焊偏。

二、CO_2 气体保护焊的安全操作规程

CO_2 气体保护焊采用电弧作为能源，是一种明弧焊接方法，由于电流密度大、电弧温度高，弧光辐射非常强烈，会对人的皮肤和眼睛产生强烈的刺激作用，容易引起电光性眼炎和裸露皮肤的灼伤等。触电飞溅引起的烫伤、火灾等也是 CO_2 气体保护焊中的危险因素。所以在 CO_2 气体保护焊过程中应采取必要的安全与防护措施，以保证人身安全，避免经济损失。

（1）CO_2 气体保护焊时，电弧温度为 6 000 ~ 10 000 ℃，电弧光辐射比焊条电弧焊强，因此应加强防护。

（2）CO_2 气体保护焊时，飞溅较多，尤其是粗丝焊接（直径大于 1.6 mm）时，更易产生大颗粒飞溅，焊工应有完善的防护用具，防止人体灼伤。

（3）CO_2 气体在焊接电弧高温作用下会分解生成对人体有害的 CO 气体，焊接时还排出其他有害气体和烟尘，特别是在容器内施焊更应加强通风，而且要使用能供给新鲜空气的特殊面罩，容器外应有人监护。

（4）CO_2 气体预热器所使用的电压不得高于 36 V，外壳接地应可靠。工作结束时，立即切断电和气源。

（5）装有液态 CO_2 的气瓶，满瓶压力为 5 ~ 7 MPa，但当受到外加的热源作用时，液体便能迅速地汽化为气体，这样就有造成爆炸的危险。因此，装有 CO_2 的气瓶不能接近热源，同时应采取防高温等安全措施，避免气瓶爆炸事故发生。因此，CO_2 气瓶的使用必须遵循《气瓶安全监察规程》的规定。

（6）进行大电流粗丝 CO_2 气体保护焊操作时，应防止焊枪水冷系统漏水破坏绝缘，应在焊把前加防护挡板，以免发生触电事故。

三、CO_2 气体保护焊的操作安全技术要点

（1）在移动焊机时，应取出机内易损电子器件，单独搬运。

（2）应对焊机内的接触器、断电器的工作元件，焊枪夹头的夹紧力以及喷嘴的绝缘性能等定期进行检查。

（3）对于高频引弧焊机或装有高频引弧装置的焊机，要注意焊枪的绝缘性是否可靠。虽然小功率的高频高压电不会电击到操作者，但绝缘不良时，高频电会灼伤操作者手的表皮。焊接电缆都应配有铜网编织成的屏蔽套并可靠接地。

（4）使用焊机前，应对供气、供水系统进行检查，不得在漏水、漏气的情况下进行焊接。

（5）盛装保护气体的高压气瓶应小心轻放并竖立固定，防止倾倒。气瓶与热源距离应大于 3 m。

（6）应采取局部通风或供给焊工新鲜空气等措施，排除焊接过程中产生的臭氧（O_3）和氮氧化物等有害物质。

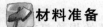 材料准备

（1）试件材料：Q235。

（2）试件尺寸：试件尺寸如图 3-1 所示。

（3）焊接工具：NBC - 500 焊机 1 台、焊丝 ER50 - 6 直径 1.2 mm、CO_2 气体 1 瓶。

（4）辅助工具：护目镜、钢丝刷等。

任务实施

一、装配定位

板对接平焊试板装配尺寸如表 3-1 所示。

表 3-1　试板装配尺寸

坡口角度/(°)	装配间隙/mm	钝边/mm	反变形量/(°)	错边量/mm
60	始焊端 3.0，终焊端 4.0	0 ~ 0.5	2	≤0.5

二、工艺参数

板对接平焊的焊接参数如表 3-2 所示。

表 3-2　板对接平焊的焊接参数

焊道层次	电源极性	焊丝直径/mm	焊丝伸出长度/mm	焊接电流/A	焊接电压/V	气体流量/(L/min)
打底焊	反极性	1.2	20 ~ 25	90 ~ 100	18 ~ 20	10 ~ 15
填充焊				220 ~ 240	24 ~ 26	20
盖面焊				230 ~ 250	25	20

三、操作要领

焊接采用左向焊法，焊接层数为三层三道，焊枪与焊缝保持 70° ~ 90° 的夹角，与母材保持 90° 的夹角。在焊接前及焊接过程中，应定期检查、清理焊枪的导电嘴和喷嘴，如有飞溅物应去除，并在喷嘴上涂上一层硅油或防飞溅膏。按动焊枪开关，检查送丝情况，待送丝正常后再开始施焊。

1. 引弧

半自动 CO_2 气体保护焊单面焊双面成形打底焊一般应采用细焊丝、小电流焊接，熔滴以短路形式过渡。引弧时为防止因短路电压较低而引起飞溅，引弧前应先将焊丝端部用尖嘴钳切成斜坡状，以减小短路接触面积，顺利引弧。同时应注意焊丝伸出长度，一般在引弧时为 10 mm 左右，伸出长度过长，易使电阻热增大，引起焊丝爆断，无法实现平稳引弧。引弧位置一般应在定位焊缝的斜坡顶端。

引弧时，将焊丝端头置于焊件右端预焊点左侧约 20 mm 处坡口内的一侧，与其保持 2 ~ 3mm 的距离，按下焊枪扳机，气阀打开提前送气 1 ~ 2 s，焊接电源接通，焊丝送出，焊丝与焊件接触，同时引燃电弧。

2. 打底焊

采用左向焊法。电弧引燃后，焊枪迅速右移至焊件右端头，然后向左开始焊接打底焊道。焊枪沿坡口两侧作小幅度月牙形横向摆动，当坡口根部熔孔直径达到 3 ~ 4 mm 时转入正常焊接，同时严格控制喷嘴高度，既不能遮挡操作视线，又要保证气体保护效果。焊丝端部要始终在熔池前半部燃烧，不得脱离熔池（防止焊丝前移过大而通过间隙，出现穿丝现象），并控制电弧在坡口根部 2 ~ 3 mm 处燃烧，电弧在焊道中心移动要快，摆动到坡口两侧要稍作 0.5 ~ 1 s 的停留，使熔孔直径比间隙大 0.5 ~ 1 mm。若坡口间隙较大，应在横向摆动的同时适当地前后移动做倒退式月牙形摆动，这样摆动可避免电弧直接对准间隙，以防止烧穿。

焊接过程中要仔细观察熔孔，并根据间隙和熔孔直径的变化，调整横向摆动幅度和焊接速度，尽量维持熔孔的直径不变，以保证获得宽窄一致、高低均匀的背面焊缝。打底焊表面要平整，两侧熔合良好，最好焊道的中部稍向下凹，以免盖面时两侧夹渣。

3. 填充焊

填充层焊接前，将打底焊缝表面的焊渣和飞溅物清理干净，焊接电流和电压调整至合适的范围内，在焊件右端开始焊填充层。

填充层焊接时，焊枪角度及焊枪横向摆动方法与打底焊时相同，但焊枪横向摆动的幅度较打底焊时稍大。焊丝伸出长度可稍大于打底焊时 1 ~ 2 mm，焊接时注意焊枪摆动均匀到位，在坡口两侧稍加停顿，以保证焊缝平整，同时有利于坡口两侧边缘充分熔化，不产生夹渣缺陷。焊接过程中注意控制焊接速度，保持合适的焊缝厚度和保持填充层与打底层金属熔合良好。填充层焊完后，焊缝表面距焊件表面以 1.5 ~ 2 mm 为宜，并不得熔化坡口边缘棱边。填充焊收弧时一定要填满弧坑并使弧坑尽量短，防止产生弧坑裂纹。

4. 盖面焊

盖面焊接前先将填充层焊缝表面的焊渣及金属飞溅物清理干净，接头处凹凸不平的地方用角向磨光机打平，将导电嘴、喷嘴周围的飞溅物清理干净。盖面焊接时，焊枪角度、摆动方法与填充焊时相同，但焊枪横向摆动幅度不宜过大，否则易出现焊波粗大和咬边现象。焊枪在坡口两侧摆动要均匀缓慢，以防止产生咬边现象。焊接过程可以一次连续完成，当中途中断焊接时，要做到滞后停气，以免熔池在高温状态下发生氧化现象。

收弧时，要填满弧坑并使弧坑尽量小些，防止弧坑处产生缺陷。

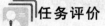 **任务评价**

任务评价的内容如表 3-3 所示。

表 3-3　自 测 评 分

序号	检测项目	项目要求	配分	评分标准	检测结果	得分
1	焊缝尺寸	焊缝宽度 5 ~ 7 mm（直线形运条），宽度 10 ~ 12 mm（锯齿形运条），高度 1.5 ~ 2 mm	30	每超差 1 mm 累计长 50 mm 扣 3 分；超差 2 mm 累计长 50 mm 扣 5 分；最大宽与最小宽差 >3 mm 累计长 50 mm 扣 8 分；>4 mm 累计长 50 mm 扣 10 分；缝高低差 >2 mm 扣 3 分；>3 mm 扣 5 分		

续表

序号	检测项目	项目要求	配分	评分标准	检测结果	得分
2	直线度	—	4	焊缝要直，偏离中心线 >8 mm 扣 4 分		
3	焊缝成形	焊缝均匀美观	30	接头、收尾与母材端面不平齐扣 5 分；接头脱节或重叠过高扣 5 分；焊波粗大，高低不平每 100 mm 扣 5 分；焊缝两侧与母材过渡不圆滑每 100 mm 扣 5 分；弧坑填充不饱满扣 5 分		
4	焊接缺陷	无夹渣	10	每处夹渣扣 5 分		
		无咬边	10	深 <0.5 mm 每 10 mm 扣 2 分，深 >0.5 mm 每 10 mm 扣 5 分		
		无未熔合	4	每处熔合不良扣 2 分		
5	工具使用	正确使用	4	不正确不得分		
6	安全文明生产	遵守	8	违者不得分		
总　分			100	总　得　分		

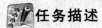
任务回顾

（1）简述 CO_2 气体保护焊的安全操作规程。

（2）简述 CO_2 平焊单面焊双面成形技术。

任务二　板对接立焊

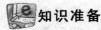
学习目标

1. 知识目标

（1）掌握 CO_2 气体保护焊不同焊接参数对焊接质量的影响。

（2）了解选择 CO_2 气体保护焊焊接参数的原则。

2. 技能目标

初步掌握 V 形坡口向上立焊打底焊、盖面焊的操作技术。

3. 素质目标

（1）树立学生对企业员工的角色意识，确立基本的职业态度。

（2）通过分组学习，锻炼学生的团队协作意识。

任务描述

板厚 12 mm 的 V 形坡口对接向上立焊实作图样如图 3-6 所示。

知识准备

CO_2 气体保护焊的焊接参数：焊丝直径、焊接电流、电

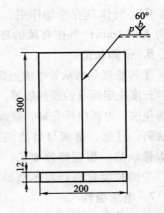

图 3-6　板对接立焊图样

弧电压、焊接速度、气体流量、干伸长度、电源极性、回路电感、焊枪倾角。

1. 焊丝直径

焊丝直径影响焊缝熔深。常用的焊丝直径为 1.2 mm，牌号为 H08MnSiA。焊接电流为 150～300 A 时，焊缝熔深为 6～7 mm。

2. 焊接电流

依据焊件厚度、材质、施焊位置及要求的过渡形式来选择焊接电流的大小。短路过渡的焊接电流为 110～230 A（焊工手册为 40～230 A）；细颗粒过渡的焊接电流为 250～300 A。焊接电流的变化对熔池深度有决定性的影响，随着焊接电流的增大，熔深明显增加，熔宽略有增加。

3. 电弧电压

电弧电压不是焊接电压。电弧电压是在导电嘴和焊件之间测得的电压，而焊接电压是焊机上的电压表所显示的电压。焊接电压是电弧电压与焊机和焊件间连接的电缆上的电压降之和。通常情况下，电弧电压在 17～24 V 之间，电压决定熔宽。

焊接电流是控制送丝速度，电弧电压是控制焊丝融化速度，电流加大焊丝送进加快、电压增大焊丝熔化加快。电弧电压是根据焊接电流而定公式如下。

1）实心焊丝

（1）当电流≤300 A 时，电弧电压 = 电流 ×0.05 +16 ±2。

（2）当电流 >300 A 时，电弧电压 = 电流 ×0.04 +20 ±2。

2）药芯焊丝

（1）当电流≤200 A 时，电弧电压 = 电流 ×0.07 +16 ±2。

（2）当电流 >200 A 时，电弧电压 = 电流 ×0.06 +20 ±2。

4. 焊接速度

焊接速度决定焊缝成形。焊接速度过快，熔深和熔宽都减小，并且容易出现咬肉、未熔合、气孔等焊接缺陷；过慢，会出现塌焊、增加焊接变形等焊接缺陷。通常情况下，焊接速度为 80 mm/min 比较合适。

5. 气体流量

CO_2 气体具有冷却作用。因此，气体流量的多少决定保护效果。通常情况下，气体流量为 15 L/min；当在有风的环境中作业，流量为 20 L/min 以上（混合气体也应当加热）。

6. 干伸长度

干伸长度是指从导电嘴到焊件的距离。保证干伸长度不变是保证焊接过程稳定的重要因素。干伸长度决定焊丝的预热效果，直接影响焊接质量。当焊接电流、电压不变，焊丝伸出过长，焊丝熔化快，电弧电压升高，使焊接电流变小，熔滴与熔池温度降低，会造成未焊透、未熔合等焊接缺陷；过短，熔滴与熔池温度过高，在全位置焊接时会引起铁水流失，出现咬肉、凹陷等焊接缺陷。根据焊接要求，干伸长度为 8～20 mm，常选择为焊丝直径的 10 倍左右。另外，干伸长度过短，看不清焊接线，并且，由于导电嘴过热会夹住焊丝，甚至烧毁导电嘴。

7. 电源极性

通常采取直流反接（反极性）。焊件接阴极，焊丝接阳极，焊接过程稳定、飞溅小、熔深大。如果直流正接，在相同条件下，焊丝融化速度快（约为反接的 1.6 倍），熔深浅，堆高大，稀释率小，飞溅大。

8. 回路电感

回路电感决定电弧燃烧时间，进而影响母材的熔深。通过调节焊接电流的大小来获得合适的回路电感，应当尽可能地选择大电流。通常情况下，焊接电流为 150 A，电弧电压为 19 V；焊接电流为 280 A，电弧电压为 22～24 V 比较合适，能够满足大多数焊接要求。

9. 焊枪倾角

当倾角大于 25°时，飞溅明显增大，熔宽增加，熔深减小。所以焊枪倾角应当控制在 10°～25°。尽量采取从右向左的方向施焊，焊缝成形好。如果采用推进手法，焊枪倾角可以达到 60°，并且可以得到非常平整、光滑的漂亮焊缝。

 **材料准备**

（1）试件材料：Q235。

（2）试件尺寸：如图 3-6 所示。

（3）焊接工具：NBC－500 焊机 1 台、焊丝 ER50－6 直径为 1.2 mm、CO₂ 气体 1 瓶。

（4）辅助工具：护目镜、钢丝刷等。

任务实施

一、装配定位

板对接立焊试板装配尺寸如表 3-4 所示。

表 3-4　试板装配尺寸

坡口角度/(°)	装配间隙/mm	钝边/mm	反变形量/(°)	错边量/mm
60	始焊端 2.5，终焊端 3.0	0.5～1	3	≤0.5

二、工艺参数

板对接立焊焊接参数如表 3-5 所示。

表 3-5　板对接平焊的焊接参数

焊道层次	电源极性	焊丝直径/mm	焊丝伸出长度/mm	焊接电流/A	焊接电压/V	气体流量/（L/min）
打底焊				90～100	18～20	12～15
填充焊	反极性	1.2	15～20	130～150	20～22	12～15
盖面焊				130～150	20～22	12～15

三、操作要领

焊接层数为 3 层 3 道，立焊时熔孔与熔池如图 3-7 所示，焊枪角度如图 3-8 所示。在焊接前及焊接过程中，应检查、清理导电嘴和喷嘴，并检查送丝情况。

（1）打底焊，在调试好焊接参数后，按图 3-8 所示的焊枪角度，从下向上进行焊接。在试件下端定位焊缝处引弧，在电弧引燃后，焊枪做锯齿形横向摆动向上施焊。当把定位焊缝覆盖、电弧到达定位焊缝与坡口根部连接处时，用电弧将坡口根部击穿，产生第一个熔孔，即转入正常施焊。在施焊时应注意以下问题：

① 注意保持均匀一致的熔孔，熔孔大小以坡口两侧各熔化 0.5 ~ 1.0 mm 为宜。

② 焊丝摆动时，以操作手腕为中心做横向摆动，并要注意保持焊丝始终处在熔池的上边缘，其摆动方法可以是锯齿形或上凸半月牙形，以防止金属液下淌。

③ 焊丝摆动间距要小，且均匀一致。

④ 当焊到试件上方收弧时，应待电弧熄灭、熔池完全凝固以后，才能移开焊枪，以防收弧区因保护不良产生气孔。

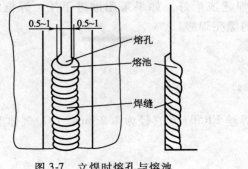

图 3-7　立焊时熔孔与熔池

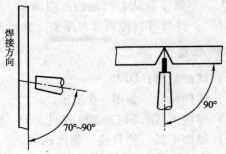

图 3-8　立焊位置焊枪角度

（2）填充焊施焊前先清除打底层焊道和坡口表面的飞溅、熔渣，并将焊道局部凸出处打磨平整。焊丝横向摆动幅度应比打底焊稍大，电弧在坡口两侧稍作停留，以保证焊道两侧熔合良好。填充焊道应比坡口边缘低 1.5 ~ 2.0 mm. 并使坡口边缘保持原始状态，为施焊盖面层打好基础。

（3）在盖面焊施焊前，应清理前层焊道，并将焊道局部凸出处打磨平整。施焊盖面层时的焊枪角度与打底层相同。在施焊时，焊丝横向摆幅比焊填充层稍大，使熔池超过坡口边缘。

任务评价

任务评价的内容如表 3-6 所示。

表 3-6　自 测 评 分

序号	检测项目	项目要求	配分	评分标准	检测结果	得分
1	焊缝尺寸	焊缝宽度 10 ~ 12 mm，余高 1.5 ~ 2 mm	30	每超差 1 mm 累计长 50 mm 扣 3 分；每超差 2 mm 累计长 50 mm 扣 5 分；最大宽与最小宽差 > 3 mm 累计长 50 mm 扣 8 分；> 4 mm 累计长 50 mm 扣 10 分；缝高低差 > 2 mm 扣 3 分；> 3 mm 扣 5 分		
2	直线度	—	4	焊缝要直，偏离中心线 > 8 mm 扣 4 分		
3	焊缝成形	焊缝均匀美观	30	接头、收尾与母材端面不平齐扣 5 分；接头脱节或重叠过高扣 5 分；焊波粗大，高低不平每 100 mm 扣 5 分；焊缝两侧与母材过渡不圆滑每 100 mm 扣 5 分；弧坑填充不饱满扣 5 分		
4	焊接缺陷	无夹渣	10	每处夹渣扣 5 分		
		无咬边	10	深 < 0.5 mm 每 10 mm 扣 2 分，深 > 0.5 mm 每 10 mm 扣 5 分		
		无未熔合	4	每处熔合不良扣 2 分		

序号	检测项目	项目要求	配分	评分标准	检测结果	得分
5	工具使用	正确使用	4	不正确不得分		
6	安全文明生产	遵守	8	违者不得分		
总　分			100	总　得　分		

任务回顾

（1）CO₂气体保护焊的焊接参数有哪些？如何选择？

（2）简述CO₂气体保护焊板对接立焊的操作步骤。

任务三　立　角　焊

学习目标

1. 知识目标

了解CO₂气体保护焊立角焊的工艺特点。

2. 技能目标

掌握中厚板对CO₂立角焊的操作步骤及操作要点。

3. 素质目标

（1）树立学生对企业员工的角色意识，确立基本的职业态度。

（2）通过分组学习，锻炼学生的团队协作意识。

任务描述

厚12 mm的低碳钢板立角焊实作图样如图3-9所示。

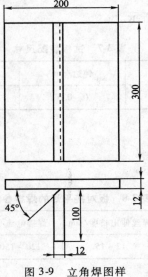

图3-9　立角焊图样

知识准备

立焊时按焊枪运动方向分立向上行焊法和立向下行焊法。目前多采用立向上行焊法。使用立向上行焊法，由于铁水的重力作用，所以熔深大，但焊缝高而窄，成形不良，同时效率低，一般用于较厚焊件的焊接。立向上行角焊，其操作方法与手工焊相似。根据焊脚尺寸大小，焊枪可做左右摆动如图 3-10 所示。

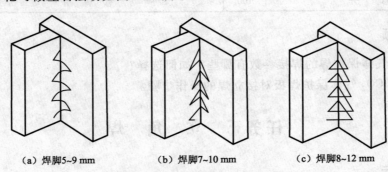

（a）焊脚5~9 mm　　　　（b）焊脚7~10 mm　　　　（c）焊脚8~12 mm

图 3-10　焊脚尺寸与焊丝摆动关系

材料准备

（1）试件材料：Q235。

（2）试件尺寸：试件尺寸如图 3-9 所示。

（3）焊接工具：NBC－500 焊机 1 台、焊丝 ER50－6 直径为 1.2 mm、CO_2 气体 1 瓶。

（4）辅助工具：护目镜、钢丝刷等。

任务实施

一、装配定位

立角焊试板装尺寸如表 3-7 所示。

表 3-7　试板装配尺寸

坡口角度/（°）	装配间隙/mm	钝边/mm	反变形量/（°）	错边量/mm
60	0~2	0~0.5	2	≤0.5

二、工艺参数

立角焊焊接参数如表 3-8 所示。

表 3-8　板对接平焊的焊接参数

焊道层次	电源极性	焊丝直径/mm	焊丝伸出长度/mm	焊接电流/A	焊接电压/V	气体流量/（L/min）
1	反极性	1.2	12~15	120~150	18~22	10~15

三、操作要领

1. 单层焊

（1）焊脚尺寸小于或等于 8～12 mm，采用立向上焊法，焊枪角度如图 3-11 所示。

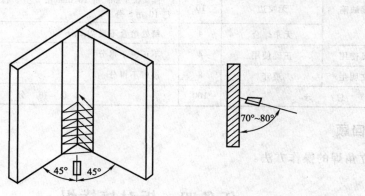

图 3-11 立角焊

（2）调试好焊接参数后，在焊件底部引弧，从下向上焊接。

（3）保持焊枪的角度始终在工件表面垂直上下 10～20°，才能保证熔深和焊透。

（4）焊接前首先站好位置，使焊枪充分摆动不受影响，焊丝摆动采用三角形或月牙形，摆动间距要稍宽，约为 4 mm。三角形摆动时三个顶点要稍作停顿，并且顶点停留时间要略长于其他两点，下边过渡要稍快，但要熔合良好，防止电弧不稳产生跳弧现象。

2. 双层焊

当焊件较厚，焊脚尺寸较大时需要采用双层焊，其焊丝角度及焊接方法同单层焊。

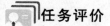 **任务评价**

任务评价的内容如表 3-9 所示。

表 3-9 自 测 评 分

序号	检测项目	项目要求	配分	评分标准	检测结果	得分
1	焊缝尺寸	焊缝宽度 10～12 mm，余高 1.5～2 mm	30	每超差 1 mm 累计长 50 mm 扣 3 分；每超差 2 mm 累计长 50 mm 扣 5 分；最大宽与最小宽差 >3 mm 累计长 50 mm 扣 8 分；>4 mm 累计长 50 mm 扣 10 分；缝高低差 >2 mm 扣 3 分；>3 mm 扣 5 分		
2	直线度	—	4	焊缝要直，偏离中心线 >8 mm 扣 4 分		
3	焊缝成形	焊缝均匀美观	30	接头、收尾与母材端面不平齐扣 5 分；接头脱节或重叠过高扣 5 分；焊波粗大，高低不平每 100 mm 扣 5 分；焊缝两侧与母材过渡不圆滑每 100 mm 扣 5 分；弧坑填充不饱满扣 5 分		

续表

序号	检测项目	项目要求	配分	评分标准	检测结果	得分
4	焊接缺陷	无夹渣	10	每处夹渣扣 5 分		
		无咬边	10	深 <0.5 mm 每 10 mm 扣 2 分，深 >0.5 mm 每 10 mm 扣 5 分		
		无未熔合	4	每处熔合不良扣 2 分		
5	工具使用	正确使用	4	不正确不得分		
6	安全文明生产	遵守	8	违者不得分		
	总　　分		100	总　得　分		

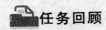 任务回顾

简述立角焊的操作方法。

任务四　板对接横焊

学习目标

1. 知识目标
（1）掌握 CO_2 气体保护焊常见缺陷的类别和产生原因。
（2）掌握 CO_2 气体保护焊对接横焊焊接缺陷的原因及种类。

2. 技能目标
掌握板 CO_2 气体保护焊对接横焊的操作特点及步骤。

3. 素质目标
（1）树立学生对企业员工的角色意识，确立基本的职业态度。
（2）通过分组学习，锻炼学生的团队协作意识。

任务描述

板厚 12 mm 的 V 形坡口对接横焊实作图样如图 3-12 所示。

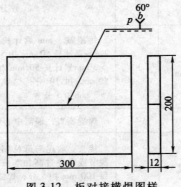

图 3-12　板对接横焊图样

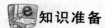知识准备

　　按照正确的焊接工艺焊接时，一般能得到高质量的焊缝。因为 CO_2 气体保护焊没有焊剂和焊条药皮，只有起屏蔽作用的气体和弱氧化性的保护气氛，所以不易产生夹渣。用 CO_2 或氧化性混合气体保护时，为了排除氧的影响，必须使用脱氧焊丝。通常推荐的保护气体与适合的焊丝配合使用可以得到质量较好的焊缝。然而，当使用熔化极气体保护焊时，如果焊接参数、焊接材料或焊接工艺不合适，就可能出现焊接缺陷。CO_2 气体保护焊所特有的一些缺陷种类、形成的一般原理及防治措施如表 3-10 所示。其中由于操作不当引起的缺陷主要有气孔和未焊透。

表 3-10　CO_2 气体保护焊的焊接缺陷产生的原因及防止方法

缺　陷	产生原因	防　止　方　法
焊缝金属裂纹	焊缝深宽比太大；焊道太窄（特别是角焊缝和底层焊道）	增大电弧电压或减小焊接电流，以加宽焊道而减小熔深；减慢行走速度，以加大焊道的横截面
	焊缝末端处的弧坑冷却过快	采用衰减控制以减小冷却速度；适当地填充弧坑；在完成焊缝的顶部采用分段退焊技术，一直到焊缝结束
	焊丝或工件表面不清洁（有油、锈、漆等）	焊前仔细清理
	焊缝中含 C、S 量高，而 Mn 量低	检查工件和焊丝的化学成分，更换合格材料
	多层焊的第一道焊缝过薄	增加焊道厚度
夹渣	采用多道焊短路电弧（熔焊渣型夹杂物）	在焊接后续焊道之前，清除掉焊缝边上的渣壳
	高的行走速度（氧化膜型夹杂物）	减小行走速度；采用含脱氧剂较高的焊丝；提高电弧电压
气孔	保护气体覆盖不足；有风	增加保护气体流量，排除焊缝区的全部空气；减小保护气体的流量，以防止卷入空气；清除气体喷嘴内的飞溅；避免周边环境的空气流过大，破坏气体保护；降低焊接速度；减小喷嘴到工件的距离；焊接结束时应在熔池凝固之后移开焊枪喷嘴。
	焊丝的污染	采用清洁而干燥的焊丝；清除焊丝在送丝装置中或导丝管中黏附上的润滑剂。
	工件的污染	在焊接之前，清除工件表面上的全部油脂、锈、油漆和尘土；采用含脱氧剂的焊丝
	电弧电压太高	减小电弧电压
	喷嘴与工件距离太大	减小焊丝的伸出长度
	气体纯度不良	更换气体或采用脱水措施
	气体减压阀冻结而不能供气	应串接气瓶加热器
	喷嘴被焊接飞溅堵塞	仔细清除附着在喷嘴内壁的飞溅物
	输气管路堵塞	检查气路有无堵塞和弯折处
咬边	焊接速度太高	减慢焊接速度
	电弧电压太高	降低电压
	电流过大	降低送丝速度
	停留时间不足	增加在熔池边缘的停留时间
	焊枪角度不正确	改变焊枪角度，使电弧力推动金属流动

缺　陷	产生原因	防止方法
未熔合	焊缝区表面有氧化膜或锈皮	在焊接之前，清理全部坡口面和焊缝区表面上的轧制氧化皮或杂质
	热输入不足	提高送丝速度和电弧电压；减小焊接速度
	焊接熔池太大	减小电弧摆动以减小焊接熔池
	焊接技术不合适	采用摆动技术时应在靠近坡口面的熔池边缘停留；焊丝应指向熔池的前沿
	接头设计不合理	坡口角度应足够大，以便减少焊丝伸出长度（增大电流），使电弧直接加热熔池底部；坡口设计为 J 形或 U 形
未焊透	坡口加工不合适	接头设计必须合适，适当加大坡口角度，使焊枪能够直接作用到熔池底部，同时要保持喷到工件的距离合适；减小钝边高度；设置或增大对接接头中的底层间隙
	焊接技术不合适	使焊丝保持适当的行走角度，以达到最大的熔深；使电弧处在熔池的前沿
	热输入不合适	提高送丝速度以获得较大的焊接电流，保持喷嘴与工件的距离合适
熔透过大	热输入过大	减小送丝速度和电弧电压；提高焊接速度
	坡口加工不合适	减小过大的底层间隙；增大钝边高度
蛇形焊道	焊丝干伸长过大	保持适合的干伸长
	焊丝的校正机构调整不良	再仔细调整
	导电嘴磨损严重	更换新导电嘴
飞溅	电感量过大或过小	仔细调节电弧力旋钮
	电弧电压过低或过高	根据焊接电流仔细调节电压；采用一元化调节焊机
	导电嘴磨损严重	更换新导电嘴
	送丝不均匀	检查压丝轮和送丝软管（修理或更换）
	焊丝与工件清理不良	焊前仔细清理焊丝及坡口处
	焊机动特性不合适	对于整流式焊机应调节直流电感；对于逆变式焊机须调节控制回路的电子电抗器
电弧不稳	导电嘴内孔过大	使用与焊丝直径相适合的导电嘴
	导电嘴磨损过大	更换新导电嘴
	焊丝纠结	仔细解开
	送丝轮的沟槽磨耗太大引起送丝不良	更换送丝轮
	送丝轮压紧力不合适	在调整
	焊机输出电压不稳定	检查控制电路和焊接电缆接头，有问题及时处理
	送丝软管阻力大	更换或清理弹簧软管

材料准备

（1）试件材料：Q235。

（2）试件尺寸：试件尺寸如图 3-12 所示。

（3）焊接工具：NBC-500 焊机 1 台、焊丝 ER50-6 直径为 1.2 mm、CO_2 气体 1 瓶。

（4）辅助工具：护目镜、钢丝刷等。

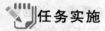任务实施

一、装配定位

板对接横焊装配尺寸如表 3-11 所示。

表 3-11　试板装配尺寸

坡口角度/(°)	装配间隙/mm	钝边/mm	反变形量/(°)	错边量/mm
60	始焊端 2.5 终焊端 3.2	0.5 ~ 1	5 ~ 6	≤0.5

二、工艺参数

板对接横焊焊接参数如表 3-12 所示。

表 3-12　板对接平焊的焊接参数

焊道层次	电源极性	焊丝直径/mm	焊丝伸出长度/mm	焊接电流/A	焊接电压/V	气体流量/L/min
打底焊	反极性	1.2	10 ~ 12	90 ~ 100	18 ~ 20	12 ~ 15
填充焊				115 ~ 125	21 ~ 23	12 ~ 15
盖面焊				115 ~ 125	21 ~ 23	12 ~ 15

三、操作要领

在横焊位置进行 CO_2 气体保护焊，要求单面焊双面成形，比平焊难度大。横焊时液态金属在重力作用下容易下坠，易出现焊缝表面不对称，焊缝上侧产生咬边及下侧产生焊瘤等现象，因而成形较为困难。

为了避免这些缺陷，对于坡口较大、焊缝较宽的焊件，一般都采用多层多道焊，以通过多条窄焊道的堆积，尽量减少熔池的体积，以调整焊道外表面的形状，最后获得较对称的焊缝成形。焊接过程中，焊枪做上下小幅度的摆动，自右向左焊接，如图 3-13 所示。

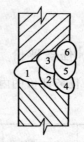

横焊时，焊件角变形较大，它除了与焊接参数有关外，还与焊缝层数、每层焊道数目及焊道间的间歇时间有关，通常熔池大，焊道间的间歇时间短。层间温度高时角变形大，反之则小。因此，焊工应在训练过程中不断摸索角变形规律，预留反变形量，以有效地控制角变形。

图 3-13　焊道分布

1. 打底焊

在调试好焊接参数后，按图 3-14（a）所示的焊枪角度，从右向左焊接。在试件定位焊缝上引弧，以小幅度锯齿形摆动，自右向左焊接，并应注意焊丝摆动间距要小且均匀一致。当预焊点左侧形成熔孔后，保持熔孔边缘超过坡口上下棱边 0.5 ~ 1mm。在焊接过程中要仔细观察熔池和熔孔，根据间隙调整焊接速度和焊枪的摆幅，并尽可能地维持熔孔直径不变，焊至左端收弧。

若打底焊接过程中电弧中断，则应按下述步骤接头。

（1）将接头处焊道打磨成斜坡。

（2）在打磨后的焊道最高处引弧，并以小幅度锯齿形摆动，将焊道斜坡覆盖。当电弧到达斜坡最低处时即可转入正常施焊。在焊完打底焊道后，先除净飞溅及焊道表面的熔渣，然后用角向磨光机将局部凸起的焊道磨平。

2. 填充焊

调试好填充焊焊接参数，按图 3-14（b）所示的焊枪对中位置及角度进行填充焊道 2 和 3 的焊接。整个填充层厚度应低于母材 1.5～2mm，且不得熔化坡口棱边。

（1）在焊填充焊道 2 时，焊枪成俯角，电弧以打底焊道的下缘为中心作横向摆动，保证下坡口熔合好。

（2）在焊填充焊道 3 时，焊枪成仰角，电弧以打底焊道的上缘为中心，在焊道 2 和上坡口面间摆动，保证熔合良好。

（3）清除填充焊道的表面熔渣及飞溅，并用角向磨光机打磨局部凸起处。

3. 盖面焊

调试好参数，按图 3-14（c）所示的焊枪对中位置及角度进行盖面焊的焊接，操作要领基本同填充焊。收弧时必须填满弧坑，并使电弧尽量短。

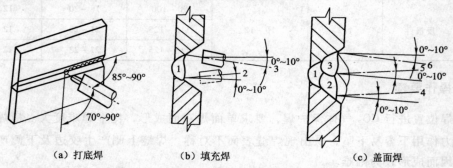

（a）打底焊　　（b）填充焊　　（c）盖面焊

图 3-14　横焊时焊枪角度及对中位置

任务评价

任务评价的内容如表 3-13 所示。

表 3-13　自 测 评 分

序号	检测项目	项目要求	配分	评分标准	检测结果	得分
1	焊缝尺寸	焊缝宽度 10～12 mm，余高 1.5～2 mm	30	每超差 1 mm 累计长 50 mm 扣 3 分；超差 2 mm 累计长 50 mm 扣 5 分；最大宽与最小宽差 >3 mm 累计长 50 mm 扣 8 分；>4 mm 累计长 50 mm 扣 10 分；缝高低差 >2 mm 扣 3 分；>3 mm 扣 5 分		
2	直线度	—	4	焊缝要直，偏离中心线 >8 mm 扣 4 分		

续表

序号	检测项目	项目要求	配分	评分标准	检测结果	得分
3	焊缝成形	焊缝均匀美观	30	接头、收尾与母材端面不平齐扣 5 分；接头脱节或重叠过高扣 5 分；焊波粗大，高低不平每 100 mm 扣 5 分；焊缝两侧与母材过渡不圆滑每 100 mm 扣 5 分；弧坑填充不饱满扣 5 分		
4	焊接缺陷	无夹渣	10	每处夹渣扣 5 分		
		无咬边	10	深 <0.5 mm 每 10 mm 扣 2 分，深 >0.5 mm 每 10 mm 扣 5 分		
		无未熔合	4	每处熔合不良扣 2 分		
5	工具使用	正确使用	4	不正确不得分		
6	安全文明生产	遵守	8	违者不得分		
	总　　　分		100	总　得　分		

任务回顾

（1）简述 CO_2 气体保护焊时产生气孔的原因及防止措施。

（2）简述 CO_2 气体保护焊时产生飞溅的原因及防止措施。

（3）简述 CO_2 气体保护焊横焊时的操作步骤。

任务五　板对接仰焊

学习目标

1. 知识目标

掌握 CO_2 气体保护焊仰焊时出现的缺陷及产生原因。

2. 技能目标

掌握 CO_2 气体保护焊板对接仰焊单面焊双面成形操作技能。

3. 素质目标

（1）树立学生对企业员工的角色意识，确立基本的职业态度。

（2）通过分组学习，锻炼学生的团队协作意识。

任务描述

板厚 12 mm 的 V 形坡口对接仰焊实作图样如图 3-15 所示。

知识准备

仰焊位置的焊接是低合金钢板单面焊双面成形技术中最难掌握的一种。在仰焊时焊接熔池倒悬在试件坡口内，液态金属和熔渣受重力作用极易下坠，从而在坡口内侧易产生焊瘤，坡口外侧背面易产生凹陷等缺陷。在焊接过程中，熔池温度越高，上述现象就越严重，且越易伤人，给焊工操作带来困难，飞溅物还易便焊枪喷嘴内发生堵塞。在操作时焊枪角度应作较大的倾斜，以减少飞溅物带来的影响。

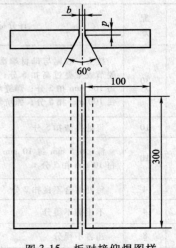

图 3-15　板对接仰焊图样

用半自动 CO_2 气体保护焊进行仰焊时易产生的缺陷及原因如表 3-14 所示。

表 3-14　仰焊时易产生的缺陷及原因

缺陷	熔深不良	咬边	焊缝下垂
原因	（1）施工条件（坡口加工）不好； （2）电流过小； （3）焊速过高	（1）焊速过高； （2）电压相对电流较高； （3）瞄准位置不好； （4）焊枪操作（送枪）不好（尤其是摆动时在端部停留的时间过短）	（1）电流、电压高； （2）焊速低； （3）电压相对于电流较低； （4）焊枪操作（送枪）不好（尤其是摆动小）

材料准备

（1）试件材料：Q235。

（2）试件尺寸：试件尺寸如图 3-15 所示。

（3）焊接工具：NBC－500 焊机 1 台、焊丝 ER50－6 直径为 1.2 mm、CO_2 气体 1 瓶。

（4）辅助工具：护目镜、钢丝刷等。

任务实施

一、装配定位

板对接仰焊装配尺寸如表 3-15 所示。

表 3-15　试板装配尺寸

坡口角度/(°)	装配间隙/mm	钝边/mm	反变形量/(°)	错边量/mm
60	2.0 ~ 3.0	0.5 ~ 1	3	≤0.5

二、工艺参数

板对接仰焊焊接参数如表 3-16 所示。

表 3-16　板对接平焊的焊接参数

焊道层次	电源极性	焊丝直径/mm	焊丝伸出长度/mm	焊接电流/A	焊接电压/V	气体流量/(L/min)
打底焊				90 ~ 110	18 ~ 20	12 ~ 15
填充焊	反极性	1.2	15 ~ 20	130 ~ 150	20 ~ 22	12 ~ 15
盖面焊				120 ~ 140	20 ~ 22	12 ~ 15

三、操作要领

1. 焊枪角度与焊法

采用右向焊法，三层三道，焊枪角度与电弧对中位置如图 3-16 所示。

2. 试板位置

焊前检查试板装配间隙及反变形是否合适，调整好定位架高度，将试板放在水平位置，坡口朝下，间隙小的一端放在左侧固定好。

注意试板高度必须调整到能保证焊工单腿跪地或站着焊接时，焊枪的电缆导管有足够的长度，并保证腕部能有充分的空间自由动作，肘部不要举得太高，到操作时不感到别扭的位置即可。

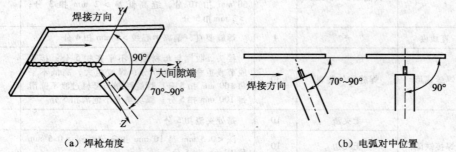

（a）焊枪角度　　　　　　　　　　　　（b）电弧对中位置

图 3-16　焊枪角度与电弧对中位置

3. 打底层

调试好打底层焊道的焊接参数后，在试板左端引弧，焊枪开始做小幅度锯齿形摆动，熔孔形成后转入正常焊接。

焊接过程中不能使电弧脱离熔池，利用电弧吹力防止熔融金属下淌。

焊打底层焊道时，必须注意控制熔孔的大小和电弧与试件上表面的距离（2 ~ 3mm），能看见部分电弧穿过试板背面在熔池前面燃烧，既保证焊根焊透，又防止焊道背面下凹、正面下坠。这个位置很重要，合适时能焊出背面上凸的打底层焊道，学习时要认真总结经验。

清除焊道表面的焊渣及飞溅物，特别要除净打底层焊道两侧的焊渣，否则容易产生夹渣。用角向磨光机打磨焊道正面局部凸起太高处。

4. 填充层

调试好填充层焊道的焊接参数后，在试板左端进行引弧，焊枪以稍大的横向摆动幅度开始向右焊接。焊填充层焊道时，必须注意以下事项。

（1）必须掌握好电弧在坡口两侧的停留时间，既保证焊道两侧熔合好不产生咬边现象，又不使焊道中间下坠。

（2）掌握好填充层焊道的厚度，保持填充层焊道表面距试板下表面 1.5 ~ 2.0 mm，不能熔化坡口的棱边。

清除填充层焊道的焊渣及飞溅，打磨焊道表面局部的凸起处。

5. 盖面层

调试好盖面层焊道的焊接参数后，从左向右焊盖面层焊道。焊接过程中根据填充焊缝的高度，调整焊接速度，尽可能地保持摆动幅度均匀，使焊道平直均匀，不产生两侧咬边，中间下坠等缺陷。

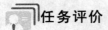
任务评价

任务评价的内容如表 3-17 所示。

表 3-17　自 测 评 分

序号	检测项目	项目要求	配分	评分标准	检测结果	得分
1	焊缝尺寸	焊缝宽度 10 ~ 12 mm，余高 1.5 ~ 2 mm	30	每超差 1 mm 累计长 50 mm 扣 3 分；超差 2 mm 累计长 50 mm 扣 5 分；最大宽与最小宽差 >3 mm 累计长 50 mm 扣 8 分；>4 mm 累计长 50 mm 扣 10 分；缝高低差 >2 mm 扣 3 分；>3 mm 扣 5 分		
2	直线度	—	4	焊缝要直，偏离中心线 >8 mm 扣 4 分		
3	焊缝成形	焊缝均匀美观	30	接头、收尾与母材端面不平齐扣 5 分；接头脱节或重叠过高扣 5 分；焊波粗大，高低不平每 100 mm 扣 5 分；焊缝两侧与母材过渡不圆滑每 100 mm 扣 5 分；弧坑填充不饱满扣 5 分		
4	焊接缺陷	无夹渣	10	每处夹渣扣 5 分		
		无咬边	10	深 <0.5 mm 每 10 mm 扣 2 分，深 >0.5 mm 每 10 mm 扣 5 分		
		无未熔合	4	每处熔合不良扣 2 分		
5	工具使用	正确使用	4	不正确不得分		
6	安全文明生产	遵守	8	违者不得分		
	总　　分		100	总　得　分		

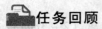
任务回顾

简述 CO_2 气体保护焊板对接仰焊的操作特点及焊接参数的选择。

任务一　钨极氩弧焊点焊

学习目标

1. 知识目标

（1）掌握手工钨极氩弧焊机的外部连接。

（2）掌握氩弧焊的参数选择。

（3）掌握氩弧焊常见的焊接缺陷及避免措施。

2. 技能目标

（1）掌握手工钨极氩弧焊引弧、试焊以及收弧操作要领。

（2）掌握氩弧焊板对接定位焊的操作要领。

3. 素质目标

（1）树立学生对企业员工的角色意识，确立基本的职业态度。

（2）通过分组学习，锻炼学生的团队协作意识。

任务描述

选用厚度为 1.5 mm 和 2.0 mm 的两块 Q235 板料，用氩弧焊完成两块母材的连接，如图 4-1 所示。

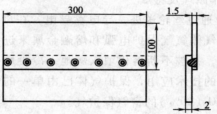

图 4-1　氩弧焊点焊图样

知识准备

一、氩弧焊简介

氩弧焊是用氩气作为保护气体的一种气体保护焊方法，如图 4-2 所示。它是利用从喷嘴喷出的氩气，在电弧区形成连续封闭的气层，使电极和金属熔池与空气隔绝，防止有害气体（如氧、氮等）侵入。同时，由于氩气是一种惰性气体，既不与金属起化学反应，也不溶解于液体金属，从而母材中的合金元素不会烧损氧化，焊缝不易产生气孔。因此，用氩气保护是很有效和可靠的，并能得到较高的焊接质量。

1. 氩弧焊的特点

（1）料范围很广，几乎所有的金属材料都可进行氩弧焊，特别适宜化学性质活泼的金属和合金，常用于奥氏体不锈钢和铝、镁、钛、铜及其合金的焊接，也用于锆、钽、钼等稀有金属的焊接。

（2）氩气保护性能优良，氩弧温度又很高，因此在各种金属和合金焊接时，不必配制相应的焊剂或熔剂，基本上是金属熔化与结晶的简单过程，能获得较为纯净的质量良好的焊缝。

（3）弧焊时，由于电弧受到氩气流的压缩和冷却作用，电弧加热集中，故热影响区小，因此焊接变形与应力均较小，尤其适用于薄板焊接。

（4）由于明弧易于观察，焊接过程较简单，也就容易实现焊接的自动化和半自动化，并且能在各种空间位置进行焊接。

由于氩弧焊具有这些显著的特点，在我国国防、航空、化工、造船、电器等领域应用较为普遍。随着有色金属、高合金钢及稀有金属的结构产品日益增多，氩弧焊技术的应用将越来越广泛。

2. 弧焊的分类

氩弧焊按照所用电极的不同，分为非熔化极氩弧焊和熔化极氩弧焊两种。通常前者称为 TIG，后者称为 MIG。从其操作方式看，目前广泛应用的是半自动熔化极氩弧焊和富氩混合气保护焊，其次是自动熔化极氩弧焊。

1）非熔化极氩弧焊的工作原理及特点

非熔化极氩弧焊是采用高熔点的钨棒作为电极，在氩气层的保护下，利用钨极与工件之间的电弧热量来融化填充焊丝和母材，冷却后形成焊缝。如图 4-2（a）所示，在焊接时，氩气形成的保护气罩，使钨极端头，电弧和熔池及已处于高温的金属不与空气接触，能防止氧化和吸收有害气体。从而形成致密的焊接接头，其力学性能非常好。

2）熔化极氩弧焊的工作原理及特点

如图 4-2（b）所示，焊丝通过丝轮送进，导电嘴导电，在母材与焊丝之间产生电弧，使焊丝和母材熔化，并用惰性气体氩气保护电弧和熔融金属来进行焊接的。它和钨极氩弧焊的区别：一个是焊丝作电极，并被不断熔化填入熔池，冷凝后形成焊缝；另一个是采用保护气体，随着熔化极氩弧焊的技术应用，保护气体已由单一的氩气发展出多种混合气体的广泛应用，如 $Ar(80\%) + CO_2(20\%)$ 的富氩保护气。

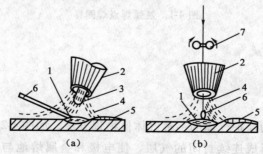

图 4-2　氩弧焊原理
1—熔池；2—喷嘴；3—钨极；
4—氩气；5—焊缝；6—焊丝；7—送丝机构

熔化极氩弧焊与钨极氩弧焊相比，有如下特点：

（1）熔化极氩弧焊效率高，电流密度大，热量集中，熔敷率高，焊接速度快。容易引弧。

（2）熔化极氩弧焊因弧光强烈，烟气大，所以要加强防护。

（3）保护气体。

3. 氩气的特点

最常用的惰性气体是氩气。它是一种无色无味的气体，在空气的含量为 0.935%（按体积计算），氩的沸点为 −186℃，介于氧和氮的沸点之间。氩气是氧气厂分馏液态空气制取氧气时的副产品。

我国均采用瓶装氩气用于焊接，在室温时，其充装压力为 15 MPa。钢瓶涂灰色漆，并标有"氩气"字样。纯氩的化学成分要求：$Ar \geq 99.99\%$；$He \leq 0.01\%$；$O_2 \leq 0.0015\%$；$H_2 \leq 0.0005\%$；总碳量 $\leq 0.001\%$；水分 $\leq 30 \ mg/m^3$。

氩气是一种比较理想的保护气体，比空气密度大 25%，在平焊时有利于对焊接电弧进行保护，降低了保护气体的消耗。氩气是一种化学性质非常不活泼的气体，即使在高温下也不和金属发生化学反应，从而没有了合金元素氧化烧损及由此带来的一系列问题。氩气也不溶于液态的金属，因而不会引起气孔。氩是一种单原子气体，以原子状态存在，在高温下没有分子分解或原子吸热的现象。氩气的比热容和热传导能力小，即本身吸收量小，向外传热也少，电弧中的热量不易散失，使焊接电弧燃烧稳定，热量集中，有利于焊接的进行。

氩气的缺点是电离势较高。当电弧空间充满氩气时，电弧的引燃较为困难，但电弧一旦引燃后就非常稳定。

4. 氩弧焊的缺点

（1）氩弧焊焊接后常常会造成变形、硬度降低、砂眼、局部退火、开裂、针孔、磨损、划伤、咬边、或者是结合力不够及内应力损伤等缺点。尤其在精密铸造件细小缺陷的修补过程中，表面凸出。

（2）氩弧焊与焊条电弧焊相比对人身体的伤害程度要高一些，氩弧焊的电流密度大，发出的光比较强烈，它的电弧产生的紫外线辐射，为普通焊条电弧焊的 5～30 倍，红外线为焊条电弧焊的 1～1.5 倍，在焊接时产生的臭氧含量较高，因此，尽量选择空气流通较好的地方施工，不然对身体有很大的伤害。

（3）由于焊接时需要氩气形成保护气层，因空气对保护层扰动较大，影响焊接质量。因此，不宜室外操作。

（4）熔深浅，熔敷速度小，焊接生产效率低。氩气较贵，生产成本高。

5. 氩弧焊的应用

（1）适焊的材料。锗极氩弧焊几乎可焊接所有的金属和合金，但因其成本较高，生产中主要用于焊接铝、镁、钛、铜等有色金属及其合金，不锈钢和耐热钢。对于低熔点的易蒸发的金属，如铅、锡、锌等因焊接操作困难，一般不用 TIG 焊。对已镀有锡、锌、钼等低熔点金属层的底熔点金属，焊前须去掉镀层，否则熔入焊缝金属中生成中间合金会降低接头性能。适用于单面焊双面成形，如打底焊和管子焊接；钨极氩弧焊还适用于薄板焊接。

（2）适焊的板厚如表 4-1 所示。

表 4-1　焊接形式与板厚参数表

焊接形式	焊接厚度/mm
不开坡口单道焊接	薄板 0.15~3.2
开坡口单道焊接	1.8~5
开坡口多层焊接	3.5~100

二、手工钨极氩弧焊基础知识

钨极氩弧焊就是把氩气作为保护气体的焊接。借助产生在钨电极与焊体之间的电弧，加热和熔化焊材本身（在添加填充金属时也被熔化），而后形成焊缝金属。钨电极，熔池，电弧以及被电弧加热的连接缝区域，受氩气流的保护而不被大气污染。氩弧焊时，钨极填充金属及焊件的相对位置如图 4-3 所示。

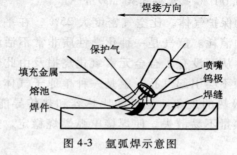

图 4-3　氩弧焊示意图

焊接过程中，弧长一般为 1~1.5 倍钨电极直径。停止焊接时，先从熔池中抽出填充金属（填充金属根据焊件厚薄适当添加），热端部仍需停留在氩气流的保护下，以防止其氧化。

1. 手工钨极氩弧焊机

手工钨极氩弧焊机由焊接电源、控制系统、焊枪、供气及冷却系统等部分组成，其外部连接如图 4-4 所示。

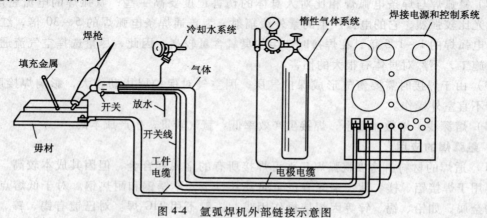

图 4-4　氩弧焊机外部链接示意图

（1）焊接电源采用具有陡降外特性或垂直外特性的弧焊电源，主要是为了得到稳定的焊接电流。钨极氩弧焊机的电源有直流、交流和脉冲电源 3 种。

（2）控制系统一般包括引弧装置、交流接触器、脉冲稳弧器、延时继电器、电磁气阀等控制元件，后面装有接线板，上部装有电流表、电源与水流指示灯和电源转换开关等器件，图4-5所示为 WS－315/1GBT 逆变式直流手工氩弧焊机。

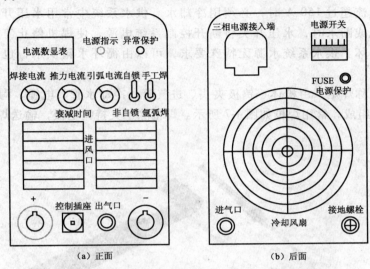

图 4-5　WS－315/GBT 逆变式直流手工氩弧焊机

（3）供气系统包括氩气瓶、氩气流量调节器及电磁气阀（在焊机内）等。氩气瓶外观除了瓶阀外，与氧气瓶相同，外表涂灰色，并用绿色漆标注"氩气"字样。氩气瓶最大压力为 15 MPa，容积为 40 L。

氩气流量调节器由进气压力表、减压过滤器、流量计和流量调节器组成。氩弧焊机通常采用组合一体式的减压流量计，这样使用方便、可靠。氩气流量调节器外观如图4-6所示。

图 4-6　氩气流量调节器

电磁气阀是开闭氩气气路的装置,安装在焊机机箱内,由延时继电器控制,可起到提前供气和滞后停气的作用。

(4)冷却系统用来冷却焊接电缆、焊枪和钨极。焊接电流小于150 A时,可以不用水冷却;焊接电流超过150 A时,必须用冷却水。供水系统中常用水压开关控制,其作用是当水压太低或断水时,水压开关将断开控制系统电源,使焊机停止工作,以保护焊炬、电缆不被损坏。供水系统水源无特殊要求,可以由循环水箱供水,也可以直接接在自来水上。

(5)焊枪又称焊炬,由枪体、钨极夹头、进气管、冷却水管、电缆、陶瓷喷嘴、绝缘帽、按钮开关等组成,常用焊枪如图4-7所示。焊枪除了夹持钨电极,输送焊接电流外,还要喷射保护气体。

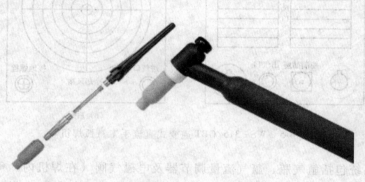

图 4-7 焊枪结构

焊枪可以分为大、中、小三种,按冷却方式又可分为气冷式和水冷式。当所用焊接电流小于150 A时可选择气冷式焊枪,图4-8所示为气冷式氩弧焊枪。若所用焊接电流大于150 A时必须采用水冷式焊枪。图4-9所示为水冷式氩弧焊枪。

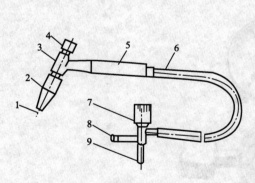

图 4-8 气冷式氩弧焊枪

1—铸极;2—陶瓷喷嘴;3—枪体;4—短帽;5—手把;6—电缆;7—气体开关手轮;8—通气接头;9—通电接头

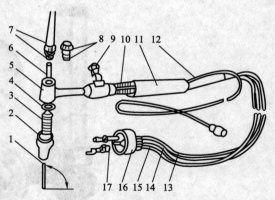

图 4-9 水冷式氩弧焊枪

1—辑极;2—陶瓷喷嘴;3—导流件;4、8—密封圈;5—枪体;6—鸽极夹头;7—盖帽;9—船形开关;10—扎线;11—手把;12—插圈;13—进气皮管;14—出水皮管;15—水冷缆管;16—活动接头;17—水电接头

2. 焊接材料

1）保护气体

（1）氩气。适用要求较高的常见有色金属焊接，如不锈钢、铜、铝、镁、钛、钼等金属，氩弧焊时材质对氩气纯度的要求如表4-2所示。

表4-2　氩气的纯度要求

金属材料	铬镍不锈钢	太难熔金属
氩气纯度/（%）	≥99.7	≥99.98

（2）氩氦混合气体。适用于焊缝质量要求很高的场合。采用的混合比一般为（75%～80%）He+（15%～20%）Ar。

2）电极材料

钨极起传导电流、引燃电弧、维持电弧正常燃烧的作用。目前常用的钨极材料主要有纯钨、钍钨和铈钨三种。钨电极负载电流能力与电极直径和成分有关，如表4-3所示。

表4-3　钨电极负载电流能力

钨电极直径/mm	直流正极（焊枪接焊机负极）		
	纯钨	钍钨	铈钨
φ1.0	20～60	15～80	20～80
φ1.6	40～100	70～150	50～160
φ2.0	60～150	100～200	100～200
φ3.0	140～280	200～300	—
φ4.0	240～320	300～400	—
φ5.0	300～400	420～520	—

为了提高电弧的稳定性和钨极的使用寿命，在焊接薄板和使用小电流施焊时，磨削成圆锥形，使用交流氩弧焊时，钨极端部磨削成圆球形，以减少极性变化对电极的损耗；使用直流正接时，磨削成平底锥形，如图4-10所示。

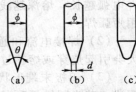

图4-10　钨极端部形状

钍钨极中的钍是放射性元素，但钨极氩弧焊时钍钨极的放射剂量很小，在允许范围之内，危害不大。如果放射性气体或微粒进入人体作为内放射源，则会严重影响身体健康。磨削钨极时，应采用封闭式或抽风式砂轮机，操作时戴口罩。磨削完毕，应及时洗净手脸。

三、弧焊点焊使用范围及工艺特点

钨极氩弧点焊的原理如图4-11所示，焊枪的喷嘴将搭叠在一起的两块工件压紧，然后靠钨极与工件之间的电弧将上层工件熔穿，再将下层工件局部熔化并熔合在一起，凝固后即成灿核。喷嘴压紧焊件是使连接处不出现过大间隙，并能保持弧长恒定，喷嘴由金属制成，熔端部有供氩气流出的小孔。

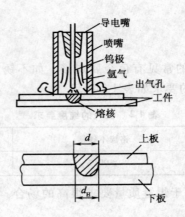

图 4-11　钨极氩弧点焊示意图

d——焊点直径；d_H——点核直径

与电阻点焊比较，TIG 点焊有如下优点：

（1）可从单面点焊，方便灵活。特别适于只能从单面接近的接头的焊接。

（2）可焊接厚度相差悬殊的工件，也可将多层叠接。

（3）熔核尺寸易于控制，焊接强度可在较大范围内调节。

（4）所施压力小，无需加压装置。

（5）设备费用低，耗电量少。

缺点：焊接速度慢，需消耗氩气，焊接费用较高。

TIG 点焊适于双层金属板的焊接，如制作衬里等。上层板厚一般不大于 2 mm，大于 3 mm 则点核直径不稳定。材料可以是铝、钛及其合金和不锈钢等。

四、焊接工艺

决定熔核强度的主要因素是点核直径，而影响点核直径的焊接参数是电弧长度、钨板及其末端形状、焊接电流、点焊时间和装配间隙等。

（1）电弧长度：电弧越短，熔深越大，焊点截面呈圆柱形，点核直径 d_H 接近熔核直径 d_j 电弧越长，熔深越浅熔核截面变成圆锥形，上大下小，点核直径趋小，故上板较厚时宜用短弧焊。

（2）焊接电流和通电时间：两者决定熔核的热输入，两者增加都使点核直径增加，过大会引起烧穿或熔核过热。

（3）钨极末端形状：建议采用铈钨极，末端形状若为圆锥尖顶状则熔核直径大，而熔深浅，若为圆锥平顶状，则 d 小而熔深大，故推荐钨极末端圆锥角为 30°，平顶直径为 1.5 mm，如图 4-10 所示。

（4）装配间隙：待焊上下板之间最好没有间隙，否则会出现点核凹陷，点核直径减小，或者液体金属 流向周围缝隙与下板不熔合。通常 TIG 点焊由于手工加压，故上板的厚度受到限制。例如上板厚为 2 ~ 3 mm 的不锈钢，其间隙不得大于 0.3 mm，靠手工加压很困难。

手工氩弧焊点焊可能出现的问题是弧坑裂纹和焊点凹陷，用电流衰减法或二次电流脉冲法有利于克服弧坑裂纹，但裂纹与材质关系较大，例如焊接不锈钢，若熔核为纯奥氏体组织，或铁素体的体积分数低于 5% 就易出现弧坑裂纹，凹陷与上述装配间隙有关。

表 4-4 和表 4-5 为 TIG 点焊焊接参数举例。

表 4-4　碳钢和不锈钢 TIG 点焊焊接参数

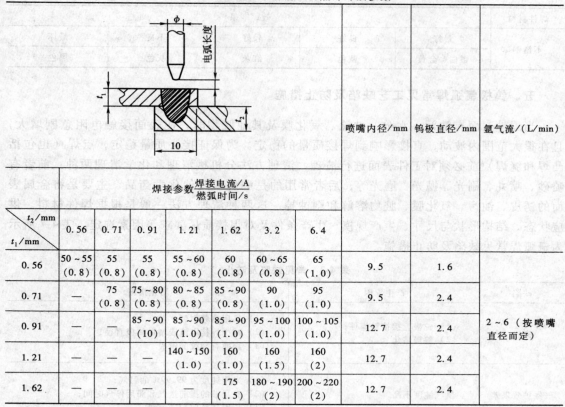

焊接参数　焊接电流/A　燃弧时间/s							喷嘴内径/mm	钨极直径/mm	氩气流/(L/min)
t_2/mm t_1/mm	0.56	0.71	0.91	1.21	1.62	3.2	6.4		
0.56	50~55 (0.8)	55 (0.8)	55 (0.8)	55~60 (0.8)	60 (0.8)	60~65 (0.8)	65 (1.0)	9.5	1.6	
0.71	—	75 (0.8)	75~80 (0.8)	80~85 (0.8)	85~90 (0.8)	90 (1.0)	95 (1.0)	9.5	2.4	
0.91	—	—	85~90 (10)	85~90 (1.0)	85~90 (1.0)	95~100 (1.0)	100~105 (1.0)	12.7	2.4	2~6（按喷嘴直径而定）
1.21	—	—	—	140~150 (1.0)	160 (1.0)	160 (1.5)	160 (2)	12.7	2.4	
1.62	—	—	—	—	175 (1.5)	180~190 (2)	200~220 (2)	12.7	2.4	

注：电弧长度对于 0.9 mm 的板为 0.6 mm；对于 1.6 mm 的板为 0.9 mm。

表 4-5　钛、铝及其合金 TIG 点焊工艺参数（直流正接）

材料	板厚/mm	喷嘴直径/mm	钨极直径/mm	焊接电流/A	燃弧时间/s	氩气流量（L/min）	备注
钛及其合金	0.9+0.9	9.5	2.4	90	0.5		电弧长度：对于 0.9 mm 的板为 0.6 mm；对于 1.6 mm 的板为 0.9 mm
	1.21+1.21	9.5	2.4	140	1.5	2~6	
	1.62+1.62	12.7	2.4	180	2.5		
钛及其合金	0.9+0.9	9.5	3.2	135	0.7		钨极端磨尖，锥长约等于钨极直径
	1.21+1.21	9.5	3.2	160	1.0	2~6	
	1.62+1.62	12.7	3.2	225	1.3		

　　焊接气体的保护效果可以根据焊接过后焊件表面的颜色来进行判断，如表 4-6 所示，在焊接过程中要根据焊接表面的颜色进行气体大小的调节。

表 4-6　焊件表面颜色与气体保护情况

焊件材料	效　　果				
不锈钢	最好	良好	较好	不良	最坏
	银白、金黄	蓝色	红灰	灰色	黑色

五、钨极氩弧焊常见工艺缺陷及防止措施

当焊件表面有油污、水分、油漆、氧化膜及其他脏物时，使表面接触电阻急剧增大，且在很大范围内波动，直接影响到焊接质量的稳定。为保证接头质量稳定，点焊（也包括凸焊和缝焊）前必须对工件表面进行清理。清理方法分机械清理和化学清理两种：前者有喷砂、喷丸、刷光、抛光、磨光等；后者常用的是酸洗或其他化学药品，主要是将金属表面的锈皮、油污、氧化膜、脏物溶解和剥蚀掉。这两种清理方法一般是根据焊件材料、供应状态、结构形状与尺寸、生产规模、生产条件及对焊接质量要求等因素选定。表 4-7 所示为氩弧焊常见缺陷及防止措施。

表 4-7　常见缺陷及防止

缺陷	产生原因	防止措施
夹钨	（1）钨极直接接触焊件； （2）钨极熔化	（1）采用高频引弧； （2）减少焊接电流或增加钨极直径； （3）调换有裂纹的钨极
气保护效果差	氩气纯度不高	（1）采用纯度为 99.99% 的氩气； （2）有足够的提前送气和滞后停气时间； （3）正确选择保护气流量
弧坑	收弧时未停留	收弧时适当停留，使金属填满弧坑再收弧
气孔	（1）氩气保护的覆盖率不够； （2）电压太高，电弧太长； （3）材料被污染	（1）清理喷嘴，缩短喷嘴距离，适当增加氩气流量； （2）降低电压，压低电弧； （3）清理材料上的铁锈、油漆等污物

材料准备

（1）试件：两块厚 1.5 mm 和 2.0 mm 的板料，材料为 Q235，尺寸为 100 mm × 300 mm。

（2）焊接材料：氩气纯度要求达 99.6%；铈钨 2.4 mm 电极。

（3）焊接设备：WS-315 型手工钨极氩弧焊；AT-15 型氩气瓶及氩气流量调节器；水冷式焊枪（不用接冷却水）。

任务实施

一、试板装配尺寸

试板装配尺寸如图 4-12 所示。

二、焊接参数

板与板搭接点焊的焊接参数如表 4-8 所示。

表 4-8 板与板搭接点焊参数

焊接电流/A	焊接时间/s	电弧长度/mm	氩气流量/（L/min）	氩气延时时间/s
175	1.5	0.9	4	3

三、焊接要点

1. 焊前准备

采用 WC20 铈钨极，直径为 2.4 mm，端头磨成 30°圆锥体，锥端直径为 0.5 mm，其顶部稍留直径为 0.3 ~ 0.6 mm 的小圆台为宜，电极尖端与喷嘴端部内缩 0.9 mm。

钨极氩弧焊对焊件表面的污染物相当敏感，因此焊前须清除焊件表面的油脂、涂层，加工用的润滑剂及氧化膜等。

2. 设备调整

检查电源线路、水路、气路等是否正常。为了提高焊接质量，手工钨极氩弧焊采用引弧器引弧，如高频振荡器或高压脉冲发生器，使氩气电离而引燃电弧。其优点是钨极与焊件不接触就能在施焊点直接引燃电弧，钨极端部损耗小，引弧处焊接质量高，不会产生夹钨等缺陷。

3. 点焊操作技术

按图 4-12 所示安装尺寸，用大力钳加紧并固定置于焊接钳台上，可用石笔在要点焊处做好标记，在施焊时，先按下并松开手柄开关，进行提前供气，然后迅速移动至焊接点，再次按下开关进行点焊，约 1.5 s 后，松开开关停止焊接，保持焊枪不动，约 3 s 后再移开焊枪，以保障氩气对焊点的充分保护。

点焊时要注意以下几点：

（1）点焊时焊枪要与边料保持垂直，切喷嘴端面与板料紧贴，以保证电弧和氩气的稳定。

（2）为了防止点焊时焊件的变形，必须使边料夹紧，无间隙；焊接点从板料中间开始焊接，点焊焊接顺序如图 4-13 所示。

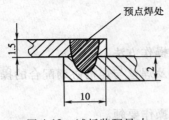

图 4-12 试板装配尺寸

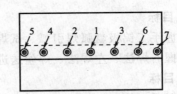

图 4-13 点焊焊接顺序

（3）薄板点焊要求平整、美观，故必须焊牢，不允许有缺陷；如果焊点上发现有裂纹、气孔等缺陷，应将焊点表面打磨后重焊。

任务评价

任务评价的内容如表 4-9 所示。

表 4-9 自 测 评 分

序号	检测项目	项目要求	配分	评分标准	检测结果	得分
1	焊缝尺寸	焊点周围增宽 1~2 mm；焊点余高 1~3 mm	30	焊点周围增宽 <1 mm 每个扣 5 分；焊点周围增宽 >2 mm 每个扣 5 分；焊点高低差 >1 mm 扣 3 分；>2 mm 扣 5 分；余高每超差 0.5 mm 扣 4 分		
2	焊缝成形	焊点均匀美观	30	焊波粗大、高低不平每个扣 5 分；焊点周围过渡不圆滑每个扣 5 分		
3	焊接缺陷	无夹钨	5	每处夹钨扣 3 分		
		咬边 <0.5 mm	5	咬边 >0.5 mm 扣 3 分，>1 mm 扣 5 分		
		无未熔合	5	每处熔和不良扣 3 分		
		凹陷	5	每处凹陷扣 3 分		
		气孔	5	每处气孔扣 3 分		
		未焊透	5	每处未焊透扣 3 分		
4	工具使用	正确使用	5	不正确不得分		
5	安全文明生产	遵守	5	违者不得分		
总　分			100	总　得　分		

任务回顾

（1）氩弧焊的焊接原理是什么？有什么优缺点？

（2）氩弧焊的焊接材料有哪些？应如何进行选择？

（3）氩弧焊点焊的焊接要点有哪些？

（4）氩弧焊的常见缺陷有哪些？应如何进行防治？

任务二　钨极氩弧焊板对板平焊

学习目标

1. 知识目标

（1）掌握手工钨极氩弧焊引弧、试焊以及收弧操作方法。

（2）掌握右焊法、左焊法、焊丝送进方法，以及焊丝与焊枪协调配合的操作。

2. 技能目标

（1）掌握手工钨极氩弧焊引弧、试焊以及收弧操作要领。

（2）掌握氩弧焊板对接定位焊的操作要领。

3. 素质目标

（1）树立学生对企业员工的角色意识，确立基本的职业态度。

（2）通过分组学习，锻炼学生的团队协作意识。

任务描述

3 mm 厚的 Q235 钢板的钨极氩弧焊板对接图样如图 4-14 所示。

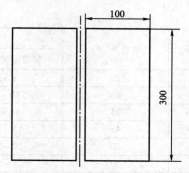

图 4-14　钨极氩弧焊板对接图样

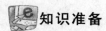知识准备

一、焊前准备

检查电源线路、水路、气路等是否正常。

采用 WC20 铈钨极，直径为 2 mm，端头磨成 30°圆锥体，锥端直径为 0.5 mm，其顶部稍留直径为 0.5～1 mm 的小圆台为宜，电极的外伸长度为 3～5 mm。

钨极氩弧焊对焊件和填充金属表面的污染相当敏感，因此焊前须清除焊件表面的油脂，涂层，加工用的润滑剂及氧化膜等。

二、氩弧焊工艺规范参数

钨极氩弧焊规范参数主要有电流、电压、焊接速度、氩气流量，其值与被焊材料种类、板厚及接头形式有关。

确定各焊接参数的程序可以先选定焊接电流大小，然后选定钨极种类和直径大小，再选定喷嘴直径和保护气体流量，最后确定焊接速度。在施焊过程中，适当调整钨极外伸长度和喷嘴与工件相对位置。在专业手册和有关文献中，一般都提供各焊接参数，但都是在一定条件下的经验数据，使用时须根据实际情况作适当调整，必要时，通过工艺评定来确定。

1. 焊接电流

焊接电流是决定焊缝熔深的最主要参数，一般是按焊件材料、厚度、接头形式、焊接位置等因素来选定，先确定电流类型和极性，然后确定电流的大小。

2. 钨极直径

当焊接电流较大时，会因电流密度过大而使末端过热熔化使烧损增加，同时电弧斑点也会扩展到钨极末端的锥面上，使弧柱扩散或飘摆不稳。故锥角要适当加大或带有平顶的锥形。表 4-10 所示为推荐的钨极末端形状和使用电流范围。

表 4-10　钨极末端的形状与使用的电流范围

电极直径 ϕ/mm	尖端直径 D/mm	锥角 θ/(°)	直流正接	
			恒定电流范围/A	脉冲电流范围/A
1	0.125	12	2～15	2～25
	0.25	20	5～30	5～60

电极直径 φ/mm	尖端直径 D/mm	锥角 θ/(°)	直流正接	
			恒定电流范围/A	脉冲电流范围/A
1.6	0.5	25	8 ~ 50	8 ~ 100
	0.8	30	10 ~ 70	10 ~ 140
2.4	0.8	35	12 ~ 90	12 ~ 180
	1.1	45	15 ~ 150	15 ~ 250
3.2	1.1	60	20 ~ 200	20 ~ 300
	1.5	90	25 ~ 250	25 ~ 300

按所选定的焊接电流类型与大小从表 4-3 中选定钨极种类和直径大小，并参照图 4-10 和表 4-10 确定钨极末端的形状。

3. 喷嘴直径与保护气体流量

在一定条件下气体流量与喷嘴直径有一个最佳配合范围，此时的保护效果最好，有效保护区最大。一般手工氩弧焊的喷嘴内径为 6 ~ 20 mm，流量为 5 ~ 25 L/min，一般以排走焊接部位的空气为准。若气体流量过低，则气流挺度不足，排除空气能力弱，影响保护效果；若流量太大，则易形成紊流，使空气卷入，降低保护效果。当气体流量一定时，喷嘴过大，气流速度过低，挺度小，保护不好，而且影响焊工视野。

通常气流速度都不高，约以 3 m/s 从喷嘴中喷出，比较容易受通风和流动空气所扰动，虽然加大气体流量可防止这种扰动，但成本太高，而且在低电流焊接时，电弧不稳，故最好是采用挡风装置。

4. 电弧电压

电弧电压主要影响缝宽，它由电弧长度决定。增加弧长会降低气体保护效果，一般控制弧长在 1 ~ 5 mm 为宜，钨极直径与末端形状及填充焊丝粗应细灵活掌握。

5. 焊接速度

当焊接电流确定后，焊接速度决定着单位长度焊缝所输入的能量（即热输入）。提高焊接速度则熔深和熔宽均减小。反之，则增大。因此，若要保持一定的焊缝形状系数，焊接电流和焊接速度应同时提高或减小。

6. 电极伸出长度

电极伸出长度是指钨极从喷嘴孔伸出的距离。通常电极伸出长度主要取决于焊接接头的外形。内角焊缝要求电极伸出长度最长，这样电极才能达到该接头根部，并能看到较多焊接熔池。卷边焊缝和手工氩弧焊点焊只需很短的电极伸出长度，甚至可以不伸出。常规的电极伸出长度一般为 1 ~ 2 倍钨极直径，钨电极与焊件距离（弧长）一般取 1.5 倍以下钨电极直径。要求短弧焊时，其伸出长度宜比常规的大些，以给焊工提供更好的视野，并有助于控制弧长。但是外伸过长，势必加大保护气体流量，才能维持良好的保护状态。一般不锈钢氩弧焊参数推荐如表 4-11 所示。

表 4-11　不锈钢氩弧焊参数推荐

电流种类及极性	板厚/mm	卷边对接		对接加填充焊丝		焊丝直径/mm
		焊接电流/A	氩气流量/（L/min）	焊接电流/A	氩气流量/（L/min）	
直流正接	0.5	30 ~ 50	4	35 ~ 40	4	

续表

电流种类及极性	板厚/mm	卷边对接		对接加填充焊丝		焊丝直径/mm
		焊接电流/A	氩气流量/（L/min）	焊接电流/A	氩气流量/（L/min）	
	0.8	30～50	4	35～40	4	φ1.0
	1.0	35～60	4	40～70	4	φ1.0
	1.5	45～80	4～5	50～85	4～5	φ1.6
	2.0	75～120	5～6	80～130	5～6	φ2.0
	3.0	110～140	6～7	120～150	6～7	φ2.0

三、基本操作技术

1. 定位焊

定位焊根据焊缝的长度确定焊点的数量，但最少不得少于 3 个。如果该焊缝要求单面焊双面成形，则定位焊缝必须焊透。

2. 填丝

填丝可以分为连续填丝和断续填丝。

（1）连续填丝。这种填丝操作技术较好，对保护层的扰动小，但比较难掌握。在连续填丝时，要求焊丝平直，用左手拇指、食指、中指配合动作送丝，无名指和小指夹住焊丝控制方向，如图 4-15 所示。

图 4-15　连续填丝技术

连续填丝时手臂动作不大，待焊丝快用完时才前移。当填丝量较大，采用较大的焊接参数时，多采用此法。

（2）断续送丝。以左手拇指、食指、中指捏紧焊丝，焊丝末端应始终处于氩气保护区内，填丝动作要轻，不得扰动氩气层，以防止空气侵入。更不能像气焊那样在熔池中搅拌，而是靠手臂和手腕的上、下反复动作，将焊丝端部的熔滴送入熔池。全位置焊接时多采用此法。

3. 收弧

收弧不当，会影响焊缝质量，使弧坑过深或产生弧坑裂纹，甚至造成返修。一般氩弧焊设备都配有电流自动衰减装置，若无电流衰减装置时，多采用改变操作方法来收弧。其基本要点是逐渐减少热量输入，如改变焊枪角度、拉长电弧、加大焊速等。

4. 左向焊与右向焊

在焊接过程中，焊丝与焊枪由右端向左端移动，焊接电弧指向未焊部分，焊丝位于电弧运动的前方，称为左焊法。如在焊接过程中，焊丝与焊枪由左端向右端施焊，焊接电弧指向已焊部分，填充焊丝位于电弧运动的后方，则称为右焊法，如图 4-16 所示。

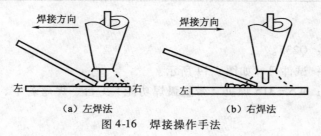

（a）左焊法　　　　　　　（b）右焊法

图 4-16　焊接操作手法

119

1）左焊法的优缺点

（1）操作者的视野不受阻碍，便于观察和控制熔池情况。

（2）焊接电弧指向未焊部分，既可对未焊部分起预热作用，又能减小熔深，有利于焊接薄件，特别是管子对接时的根部打底焊和焊易熔金属。

（3）操作简单方便，初学者容易掌握。

（4）焊大焊件，特别是多层焊时，热量利用率低，因而影响对熔敷效率的提高。

2）右焊法的优缺点

（1）由于右焊法焊接电弧指向已凝固的焊缝金属，使熔池冷却缓慢，有利于改善焊缝金属组织，减少气孔、夹渣产生的可能性。

（2）由于电弧指向焊缝金属，因而提高了热利用率，在相同线能量时，右焊法比左焊法熔深大，故特别适合于焊接厚度较大、熔点较高的焊件。

（3）由于焊丝在熔池运动的后方，影响操作者的视线，不利于观察和控制熔池。

（4）无法在管道上（特别是小直径管）焊接。

四、常见的缺陷及防止措施

焊缝中容易出现的缺陷及防止措施如表 4-12 所示。

表 4-12　焊缝中容易出现的缺陷及防止措施

缺陷名称	产生原因	防止措施
气孔	母材上油、锈等污物	焊前用化学或机械方法清理干净工件
	气体保护效果差	勿使喷嘴过高；勿使焊速过大；采用合格的惰性气体
	焊枪摆动速度不均匀	摆动速度均匀
夹钨	接触引弧所致	采用自动引弧装置
	钨极熔化	采用较小电流和较粗的钨极；勿使钨极伸出长度过大
	错用了氧化性气体	更换为惰性气体
	填丝触及热钨极之尖端	熟练操作，勿使填丝与钨极相接触
电弧不稳	母材被污染	焊前仔细清理母材
	电极被污染	磨去被污染的部分
	钨极太粗	选用适宜的较细钨极
	钨极尖端行不合理	重新将钨极断头磨好
	电弧太长	适当压低喷嘴，缩短电弧
电极烧损严重	采用了反极性接法	采用较粗的钨极或改为正极性接法
	气体保护不良	加强保护，即加大气流量；压低喷嘴；减小焊速；清理喷嘴
	钨极直径与所用电流值不匹配	采用较粗的钨极或较小的电流

材料准备

（1）试件材料：Q235。

（2）试件尺寸：试件尺寸如图 4-14 所示。

（3）焊接工具：WS－315 焊机（带氩弧焊功能）1 台、焊丝若干、氩气瓶及氩气流量调节器。

（4）辅助工具：防护面罩、钢丝刷、校正榔头等。

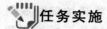任务实施

一、装配定位

试板装配尺寸如表 4-13 所示。

表 4-13　试板装配尺寸

坡口角度/(°)	装配间隙/mm	钝边/mm	反变形量/(°)	错边量/mm
I 型坡口	始焊端2.0 终焊端3.0	0～0.5	3	≤1

二、工艺参数

氩弧焊板对接焊接参数如表 4-14 所示。

表 4-14　板对接平焊的焊接参数

焊接层次	焊丝牌号	焊丝直径/mm	钨极直径/mm	焊接电流/A	氩气流量/(L/min)
1	H08A	2.5	2.5	70～90	8～12
2	H08A	3.0	3	100～120	8～12

三、操作要领

焊道分布是两层两道。焊件固定在水平位置上，间隙小的一端放在右侧。

1. 打底焊

1）引弧

在焊件右侧定位焊缝上进行引弧。

2）焊接

在引弧后，焊枪停留在原位置不动，待稍预热后，当定位焊缝处形成熔池，并出现熔孔后，开始填丝，自右向左焊接。在封底焊时，应减小焊枪倾角，使电弧热量集中在焊丝上，采用较小的焊接电流，加快焊接速度和送丝速度，熔滴要小，避免焊缝下凹和烧穿。焊丝填入动作要熟练、均匀，填丝要有规律，焊枪移动要平稳，速度一致。在焊接时要密切注意焊接参数的变化及相互关系，随时调整焊枪角度和焊接速度。当发现熔池增大、焊缝变宽并出现下凹时，说明熔池温度太高，这时应减小焊枪与焊件间的夹角，加快焊接速度；当发现熔池较小时，说明熔池温度低，应增加焊枪倾角或减慢焊接速度。通过各参数之间的良好配合，保证背面焊缝良好的成形。

3）接头

当焊丝用完，需更换焊丝，或因其他原因需暂时中止焊接时，则会有接头存在。在焊缝中间停止焊接时，可松开焊枪上的按钮开关，停止送丝。如果焊机有电流自动衰减装置，则应保持喷嘴高度不变，待电弧熄灭、熔池完全冷却后，再移开焊枪；若焊机没有电流自动衰减装置，则松开按钮开关后，稍抬高焊枪，待电弧熄灭、熔池冷却凝固到颜色变黑后再移开焊枪。

在接头前，应先检查原弧坑处焊缝的质量，如果保护好没有氧化皮和缺陷，则可直接接头；如果有氧化皮和缺陷，最好用角向磨光机将氧化皮或缺陷磨掉，并将弧坑前磨成斜面，在弧坑右侧 15～20 mm 处引弧，并慢慢地向左移动，待原弧坑处开始熔化形成熔池和熔孔后，继续填丝焊接。

4）收弧

如果焊机有电流自动衰减装置，则焊至焊件末端，应减小焊枪与焊件的夹角，让热量集中在焊丝上，加大焊丝熔化量，以填满弧坑，然后切断控制开关。这时焊接电流逐渐减小，熔池也不断缩小，焊丝回抽，但不要脱离氩气保护区，停弧后，氩气需延时 10s 左右再关闭，防止熔池金属在高温下氧化。如果焊机没有电流衰减控制装置，则在收弧处要慢慢地抬起焊枪，并减小焊枪倾角，加大焊丝的熔化量，待弧坑填满后再切断电流。

2. 盖面焊

在盖面焊时要进一步加大焊枪的摆动幅度，保证熔池两侧超过坡口棱边 0.5～1.5 mm，并根据焊缝的余高决定填丝速度。

任务评价

任务评价的内容如表 4-15 所示。

表 4-15　自测评分

序号	检测项目	项目要求	配分	评分标准	检测结果	得分
1	焊缝尺寸	焊缝宽度 4～6 mm，余高 0～2 mm	30	焊缝宽度 <4 mm 或 >6 mm 扣 10 分；最大缝宽与最小缝宽度差 >2 mm 每 50 mm 长扣 3 分；>3 mm 每 50 mm 长扣 5 分；缝高低差 >1 mm 扣 3 分；>1 mm 扣 5 分；余高每超差 0.5 mm 扣 4 分		
2	直线度	—	5	焊缝要直，偏离中心线 >4 mm 扣 5 分		
3	焊缝成形	焊缝均匀美观	20	起头、收尾与母材的端面不平齐扣 5 分；接头脱节或重叠过高扣 5 分；焊道重叠过高或有凹沟每 20 mm 长扣 3 分；焊波粗大、高低不平每 100 mm 扣 5 分；焊缝两侧过渡不圆滑每 100 mm 扣 5 分		
4	焊接缺陷	无夹渣	5	每处夹渣扣 3 分		
		咬边 <0.5mm	5	咬边 >0.5 mm 每 20 mm 扣 3 分，>1 mm 每 20 mm 扣 5 分		
		无未熔合	5	每处熔和不良扣 3 分		
		凹陷	5	每处凹陷扣 3 分		
		气孔	5	每处气孔扣 3 分		
		未焊透	5	每处未焊透扣 3 分		
		弯曲变形 <3°	5	工件弯曲变形 >3° 扣 5 分		
5	工具使用	正确使用	5	不正确不得分		
6	安全文明生产	遵守	5	违者不得分		
	总　分		100	总　得　分		

任务回顾

（1）氩弧焊的焊接参数有哪些？应如何选择？

（2）氩弧焊的送丝方式方式有哪些？各适用于什么情况的焊接？

（3）氩弧焊常见的缺陷有哪些？应如何避免？

任务三　钨极氩弧焊管对管焊接

学习目标

1. 知识目标

（1）掌握氩弧焊管对接水平固定焊的参数选择。

（2）掌握氩弧焊管对接（全位置）焊接的运条和送丝方法。

2. 技能目标

（1）学会打底操作的内填丝法和外填丝法。

（2）单面焊双面成型操作技能。

（3）掌握管对接（全位置）焊操作技能。

3. 素质目标

（1）树立学生对企业员工的角色意识，确立基本的职业态度。

（2）通过分组学习，锻炼学生的团队协作意识。

任务描述

直径为 60 mm，壁厚 3 mm 的不锈钢管对接水平固定焊实作图样如图 4-17 所示。

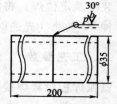

图 4-17　管对接实作图样

知识准备

管对接水平固定全位焊接时，焊接位置由仰焊到平焊不断发生变化，焊枪角度和焊枪横向的摆动速度、幅度及在坡口两侧的停留时间均应随焊接位置的变化而变化。为保证背面焊缝良好成形，控制熔孔大小是关键，在不同的焊接位置熔孔尺寸应有所不同。在仰焊位置，熔孔应小些，一面液态金属下坠造成内凹；在立焊位置，有熔池的承托，熔孔可适当大些；在平焊位置，液态金属容易流向管内，熔孔应小些。要注意焊接参数的选择。

管子的焊接坡口如图 4-18。壁厚小于 2 mm 的管子用机械加工方法直径切断，端面垂直度误差 <0.5 mm，必要时可用砂轮或锉刀修正。壁厚大于 2 mm 的管子对接一侧用车床加工 30°坡口，钝边为 0～1 mm。装配前做好焊缝区的清洁工作，在接头两侧各 50 mm 范围内的内、外表面用角磨机清理干净，至焊接前不得玷污。

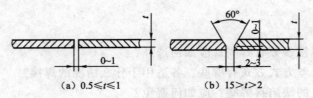

图 4-18　管子的坡口

t—管子壁厚

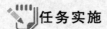 材料准备

（1）试件材料：0Crl8Ni9Ti。

（2）试件尺寸：试件尺寸如图 4-17 所示，一侧加工 30°坡口。

（3）焊接工具：WS–315 焊机（带氩弧焊功能）1 台、焊丝若干、氩气瓶及氩气流量调节器。

（4）辅助工具：护目镜、钢丝刷等。

任务实施

一、装配定位

装配及定位焊：将清理好的焊件固定在 V 形槽冶具上，留出所需间隙，保证两管同心，在时钟 10 点处（先逆时针进行焊接）进行一点定位焊。

二、工艺参数

氩弧焊板对接焊接参数如表 4-16 所示。

表 4-16　管对接氩弧焊焊接参数

运条方法	钨极直径/mm	喷嘴直径/mm	钨极伸出长度/mm	氩气流量/（L/min）	焊丝直径/mm	焊接电流/A
月牙形或锯齿形	2	8 – 12	5 – 6	8 – 12	2	55 – 70

三、基本操作技能

1. 打底焊

采用内填丝法和外填丝法，分前、后半部进行打底焊。

（1）从仰焊位置过管中心线后方 5 ~ 10 mm 处起焊，按逆时针方向先焊前半部，焊至平焊 位置越过管中心线 5 ~ 10 mm 收尾，之后再按逆时针方向焊接后半部，如图 4-19 所示。

（2）焊接过程中，焊枪角度和填丝角度要随焊接位置的变化而变化。

① 电弧引燃后，在坡口根部间隙两侧用焊枪划圈预热，待钝边熔化形成熔孔后，将伸入到管子内侧的焊丝紧贴熔孔，在钝边两侧各送一滴熔滴，通过焊枪的横向摆动，使之形成 搭桥连接的第一个熔池。此时，焊丝再紧贴熔池前沿中部填充一滴熔滴，使熔滴与母材充分 熔合，熔池前方出现熔孔后，再送入另一滴熔滴，以此循环。当焊至立焊位置时，由内填丝 法改为外填丝法，直至焊完底层的前半部。

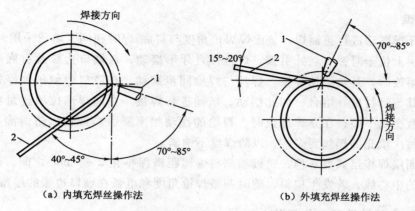

（a）内填充焊丝操作法　　　　　（b）外填充焊丝操作法

图 4-19　内填丝法与外填丝法
1—喷嘴；2—焊丝

② 后半部为顺时针方向的焊接，操作方法与前半部分相同。当焊至距定位焊缝 3～5 mm 时，为保证接头焊透，焊枪应划圈，将定位焊缝熔化，然后填充 2～3 滴熔滴，将焊缝封闭后继续施焊（注意定位焊缝处不填焊丝）。当底层焊道的后半部与前半部在平位还差 3～4 mm 即将封口时，停止送丝，先在封口处周围划圈预热，使之呈红热状态，然后将电弧拉回原熔池填丝焊接。封口后停止送丝，继续向前施焊 5～10 mm 停弧，待熔池凝固后移开焊枪。打底层焊道厚度一般以 2 mm 为宜。具体如图 4-20 所示。

③ 在焊接过程中，根据不同的焊接位置（仰焊、立焊、平焊），焊枪角度和填丝角度发生变化，具体操作如图 4-21 所示。

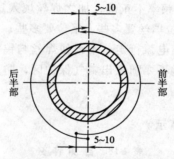

图 4-20　水平固定管起弧和收弧操作示意图

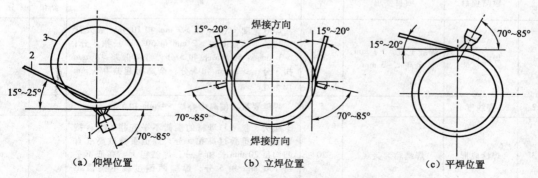

（a）仰焊位置　　　　　（b）立焊位置　　　　　（c）平焊位置

图 4-21　焊枪、焊丝随焊接位置而变化
1—焊枪；2—焊丝；3—固定管

2. 盖面焊

采用月牙形摆动进行盖面焊，盖面焊焊枪角度与打底焊时相同，填丝采用外填丝法。

在打底层上位于时钟 6 点处引弧，焊枪作月牙形摆动，在坡口边缘及打底层焊道表面熔化并形成熔池后，开始填丝焊接。焊丝与焊枪同步摆动，在坡口两侧稍加停顿各加一滴熔滴，并使其与母材良好熔合。如此摆动、填丝进行焊接。在仰焊部位填丝量应适当少一些，以防熔敷金属下坠；在立焊部位时，焊枪的摆动频率要适当加快以防熔滴下淌；到平焊部位时，每次填充的焊丝要多些，以防焊缝不饱满。

整个盖面层焊接运弧要平稳，钨极端部与熔池距离保持在 2~3 mm 之间，熔池的轮廓应对称焊缝的中心线，若发生偏斜，随时调整焊枪角度和电弧在坡口边缘的停留时间。

四、焊缝中的缺陷及防止措施

焊缝中容易出现的缺陷及防止措施如表 4-17 所示。

表 4-17　焊缝中容易出现的缺陷及防止措施

缺陷名称	产生原因	防止措施
焊缝上咬边、下焊瘤	熔化金属受重力下淌	调整焊接电流
	操作技术不正确	调整焊接角度使其能托住熔池
未焊透	未完全熔透时即填加焊丝	掌握焊枪角度，仔细观察熔池变化使其熔透

（1）若焊枪角度不正确，未熔透即填加焊丝，很可能出现底层仰焊部位未焊透的缺陷。因此，焊接时要调整好焊枪角度，等待形成熔孔后再填加焊丝。

（2）操作过程中，焊枪摆动频率不正确，加之焊丝填入量不妥当，容易出现整体焊缝仰位过高、平位偏低等。焊接时仰位填丝要多些，平位要多些；立位焊枪要快些，平位要慢些。

（3）操作中，焊丝端头跟随电弧行走，不得使焊丝与钨极端部接触，以免烧毁钨极。

（4）焊接过程中，注意焊丝不要随意出氩气保护区，防止焊丝高温氧化。

任务评价

任务评价的内容如表 4-18 所示。

表 4-18　自　测　评　分

序号	检测项目	项目要求	配分	评分标准	检测结果	得分
1	焊缝尺寸	焊缝宽度 5~7 mm，余高 1~3 mm	30	焊缝宽度 <5 mm 或 >7 mm 扣 10 分；最大缝宽与最小缝宽度差 >2 mm 每 50 mm 长扣 3 分；>3 mm 每 50 mm 长扣 5 分；缝高低差 >1 mm 扣 3 分；>2 mm 扣 5 分；余高每超差 0.5 mm 扣 4 分		
2	直线度	—	5	焊缝要直，偏离中心线 >4 mm 扣 5 分		
3	焊缝成形	焊缝均匀美观	20	起头、收尾与母材的端面不平齐扣 5 分；接头脱节或重叠过高扣 5 分；焊道重叠过高或有凹沟每 20 mm 长扣 3 分；焊波粗大、高低不平每 100 mm 扣 5 分；焊缝两侧过渡不圆滑每 100 mm 扣 5 分		

序号	检测项目	项目要求	配分	评分标准	检测结果	得分
4	焊接缺陷	无夹渣	5	每处夹渣扣3分		
		咬边 < 0.5 mm	5	咬边 > 0.5 mm 每 20 mm 扣 3 分，> 1 mm 每 20 mm 扣 5 分		
		无未熔合	5	每处熔和不良扣3分		
		凹陷	5	每处凹陷扣3分		
		气孔	5	每处气孔扣3分		
		未焊透	5	每处未焊透扣3分		
		弯曲变形 < 3°	5	工件弯曲变形 > 3° 扣 5 分		
5	工具使用	正确使用	5	不正确不得分		
6	安全文明生产	遵守	5	违者不得分		
	总　　　分		100	总　得　分		

任务回顾

（1）管对接时起弧和收弧需要注意哪些问题？

（2）管对接常见的缺陷有哪些？应如何避免这些缺陷？

（3）管对接的焊接过程中焊接的角度应如何进行控制？

项目 五　埋弧焊

任务　平板的对接

学习目标

1. 知识目标
（1）掌握埋弧焊的焊接原理及特点。
（2）掌握埋弧焊焊接参数对焊缝成形的影响。

2. 技能目标
（1）掌握埋弧焊机的操作方法和注意事项。
（2）掌握埋弧焊平板对接的操作技术和操作要领。
（3）掌握埋弧焊环焊缝和船形焊的焊接技术和操作要领。

3. 素质目标
（1）树立学生对企业员工的角色意识，确立基本的职业态度。
（2）通过分组学习，锻炼学生的团队协作意识。

任务描述

16 mm 厚的低碳钢板对接接头实作图样如图 5-1 所示。

知识准备

图 5-1　埋弧焊平板对接
图样

一、埋弧焊焊接参数

1. 焊接电流

焊接电流决定了焊丝的熔化速度和焊缝的熔深。当电流增大时，焊丝的熔化速度增加，熔深加大，如图 5-2 所示。电流小，熔深浅，余高和宽度不足；电流过大，熔深大，余高过大，易产生高温裂纹。

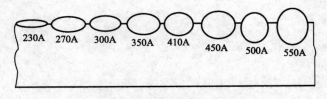

| 230A | 270A | 300A | 350A | 410A | 450A | 500A | 550A |

图 5-2　电流对焊缝的影响

2. 电弧电压

电弧电压和电弧长度成正比，在相同的电弧电压和焊接电流时，如果选用的焊剂不同，电弧空间电场强度不同，则电弧长度不同。如果其他条件不变，改变电弧电压对焊缝形状的影响如图 5-3 所示。电弧电压低，熔深大，焊缝宽度窄，易产生热裂纹；电弧电压高时，焊缝宽度增加，余高不够。埋弧焊时，电弧电压是依据焊接电流调整的，即焊接电流要保持一定的弧长才可能保证焊接电弧的稳定燃烧，所以电弧电压的变化范围是有限的。

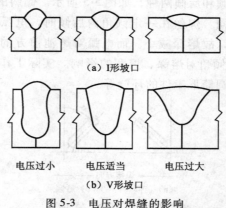

（a）I形坡口

电压过小　　　电压适当　　　电压过大

（b）V形坡口

图 5-3　电压对焊缝的影响

3. 焊接速度

焊接速度对熔深和熔宽都有影响，通常焊接速度小，焊接熔池大，焊缝熔深和熔宽均较大，随着焊接速度增加，焊缝熔深和熔宽都将减小，即熔深和熔宽与焊接速度成反比，焊接速度对焊缝断面形状的影响如图 5-4 所示。焊接速度过小，熔化金属量多，焊缝成形差；焊接速度较大时，熔化金属量不足，容易产生咬边。实际焊接时，为了提高生产率，在增加焊接速度的同时必须加大电弧功率，才能保证焊缝质量。

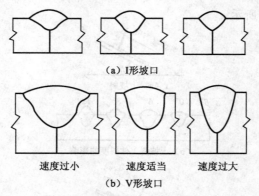

（a）I形坡口

速度过小　　　速度适当　　　速度过大

（b）V形坡口

图 5-4　焊接速度对焊缝的影响

4. 焊丝直径

焊接电流、电弧电压、焊接速度一定时，焊丝直径不同，焊缝形状会发生变化。当其他条件不变时，熔深与焊丝直径成反比关系，但这种关系随电流密度的增加而减弱，这是由于随着电流密度的增加，熔池熔化金属量不断增加，熔深增加较慢，并随着熔化金属量的增加，余高增加焊缝成形变差。焊丝直径与适应电流范围如表 5-1 所示。

表 5-1　焊丝直径与适应电流范围

焊丝直径/mm	2	3	4	5	6
焊接电流/A	200～400	350～600	500～800	700～1000	800～1200

5. 焊丝倾角和工件斜度

焊丝的倾斜方向分为前倾和后倾两种，如图 5-5 所示。倾斜的方向和大小不同，电弧对熔池的吹力和热的作用就不同。焊丝在一定倾角内后倾时，电弧力后排熔池金属的作用减弱，熔池底部液体金属增厚，故熔深减小。而电弧对熔池前方的母材预热作用加强，故熔宽增大。图 5-5（c）所示是后倾角对熔深、熔宽的影响。实际工作中焊丝前倾只在某些特殊情况下使用，如焊接小直径圆筒形工件的环缝等。

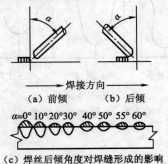

图 5-5　焊丝倾角对焊缝形成的影响

工件倾斜焊接时有上坡焊和下坡焊两种情况，它们对焊缝成形的影响明显不同，如图 5-6 所示。上坡焊时［见图 5-6（a）、（b）］，若斜度 β 角为 6°～12°，则焊缝余高过大，两侧出现咬边，成形明显恶化。实际工作中应避免采用上坡焊。下坡焊的效果与上坡焊相反，如图 5-6（c）、（d）所示。

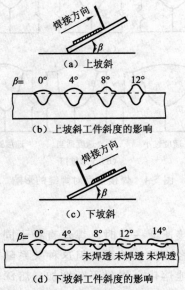

图 5-6　工件斜度对焊缝形成的影响

6. 坡口形状和间隙

在其他条件相同时，增加坡口深度和宽度，焊缝熔深增加，熔宽略有减小，余高显著减小，如图5-7所示。在对接焊缝中，如果改变间隙大小，也可以调整焊缝形状，同时板厚及散热条件对焊缝熔宽和余高也有显著影响。

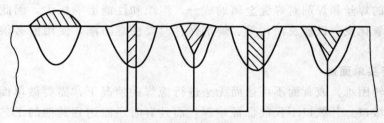

图5-7　坡口形状对焊缝成形的影响

7. 焊丝伸出长度

焊丝伸出长度是从导电嘴端算起的。若伸出导电嘴外的焊丝长度太长，则电阻增加，焊丝熔化速度加快，使焊缝的余高增加。反之，则可能烧坏导电嘴。在细焊丝时，其伸出长度 L 与焊丝直径 d 之间的关系按下式计算：

$$L = （6 \sim 10）d$$

式中　L——焊丝伸出长度，mm；

　　　d——焊丝直径，mm。

二、埋弧焊施焊方法及工艺参数选择

1. 焊前准备

埋弧焊在焊接前必须做好准备工作，包括焊件的坡口加工、待焊部位的表面清理、焊件的装配以及焊丝表面的清理、焊剂的烘干等。

1）坡口加工

坡口设计及加工同其他焊接方法相比，埋弧焊接母材稀释率较大，母材成分对焊缝性能影响较大，埋弧焊坡口设计必须考虑到这一点。依据单丝埋弧焊使用电流范围，当板厚小于 14 mm 时，可以不用开坡口，在装配时留有一定间隙；板厚为 14 ~ 22 mm 时，一般开 V 形坡口；板厚为 22 ~ 50 mm 时开 X 形坡口。对于锅炉汽包等压力容器通常采用 U 形或双 U 形坡口，以确保底层熔透和消除夹渣。坡口加工要求按国家标准 GB/T 985.2—2008 执行，以保证焊缝根部不出现未焊透或夹渣，并减少填充金属量。坡口的加工可使用刨边机、机械化或半机械化气割机、碳弧气刨等。

2）待焊部位的清理

焊件清理主要是去除锈蚀、油污及水分，防止气孔的产生。一般用喷砂、喷丸方法或手工清除，必要时用火焰烘烤待焊部位。在焊前应将坡口及坡口两侧各 20 mm 区域内及待焊部位的表面铁锈、氧化皮、油污等清理干净。

3）焊件的装配

装配焊件时要保证间隙均匀，高低平整，错边量小，定位焊缝长度一般大于 30 mm，并且定位焊缝质量与主焊缝质量要求一致。必要时采用专用工装卡具。

对直缝焊件的装配，在焊缝两端要加装引弧板和引出板，待焊后再割掉，其目的是使焊接接头的始端和末端获得正常尺寸的焊缝截面，而且还可除去引弧和收尾容易出现的缺陷。

4）焊接材料的清理

埋弧焊用的焊丝和焊剂对焊缝金属的成分、组织和性能影响极大。因此焊接前必须清除焊丝表面的氧化皮、铁锈及油污等。焊剂保存时要注意防潮，使用前必须按规定的温度烘干待用。

2. 对接接头单面焊

当焊件翻转困难，或背面不可达而无法进行施焊的情况下，需要做单面焊。工件可以开坡口或不开坡口。开坡口不仅能保证熔深，而且有时还能达到其他的工艺目的，如焊接合金钢时，可以控制熔合比；而在焊接低碳钢时，可以控制焊缝余高等。在不开坡口的情况下，埋弧焊可以一次焊透 20 mm 以下的工件，但要求预留 5 ~ 6 mm 的间隙，否则厚度超过 14 ~ 16 mm 的板料必须开坡口才能用单面焊一次焊透。

对接接头单面焊可采用的方法：在焊剂垫上焊，在焊剂铜垫板上焊，在永久性垫板或锁底接头上焊，以及在临时衬垫上焊和悬空焊等。常见的焊接参数如表 5-2 所示。

表 5-2　开坡口单面焊双面成形参数

工件厚度 mm	坡口形式	焊丝直径 mm	焊接顺序	坡口尺寸			焊接电流/A	电弧电压/V	焊接速度 cm/min
				α/(°)	h/mm	g/mm			
14		5	正	70	3	3	830 ~ 850	36 ~ 38	42
			反				600 ~ 620	36 ~ 38	75
16	70°	5	正	70	3	3	830 ~ 850	36 ~ 38	33
			反				600 ~ 620	36 ~ 38	75
18		5	正	70	3	3	830 ~ 860	36 ~ 38	33
			反				600 ~ 620	36 ~ 38	75
22		6	正	70	3	3	1 050 ~ 1 150	38 ~ 40	30
		5	反				600 ~ 620	36 ~ 38	75
24	70°	6	正	70	3	3	1 100	38 ~ 40	40
		5	反				800	36 ~ 38	47
30		6	正	70	3	3	1 000	36 ~ 40	30
			反				900 ~ 1 000	36 ~ 38	33

注：第一面在焊剂垫上焊接。

3. 对接接头双面焊

一般工件厚度为 10 ~ 40 mm 的对接接头，通常采用双面焊。接头形式根据钢种、接头性能要求的不同，可采用图 5-8 所示的 I 形、Y 形、X 形坡口。

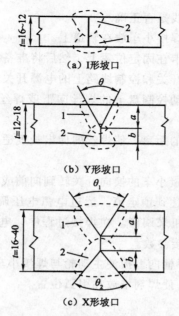

（a）I形坡口

（b）Y形坡口

（c）X形坡口

图 5-8　不同板厚的接头形式

对接接头双面焊方法对焊接参数的波动和焊件装配质量都较不敏感，一般都能获得较好的焊接质量。焊接第一面时，所用技术与单面焊相似，但不要求完全焊透，而是由反面焊接保证完全焊透。常见结构的焊接参数如表 5-3 所示。

表 5-3　不开坡口双面埋弧焊焊接参数

工作厚度/mm	装配间隙/mm	焊丝直径/mm	焊接电流/A	电弧电压/V	焊接速度/（cm/min）
14	3～4	5	700～750	34～36	50
16	3～4	5	700～750	34～36	45
18	4～5	5	750～800	36～40	45
20	4～5	5	850～900	36～40	45
24	4～5	5	900～950	38～42	42
28	5～6	5	900～950	38～42	33
30	6～7	5	950～1 000	40～44	27
40	8～9	5	1 100～1 200	40～44	20
50	10～11	5	1 200～1 300	44～48	17

三、埋弧焊机的操作步骤

1. 准备

埋弧焊准备工作如下：

（1）首先检查焊机外部连线是否正确。

（2）调整好轨道位置，将焊接小车放在轨道上。

（3）将装好焊丝的焊丝盘卡在固定位置上，然后将准备好的焊剂装入焊剂漏斗内。

（4）合上焊接电源上的刀开关和控制线路上的电源开关。

（5）调整焊丝位置，并按动控制盘上的焊丝向下或焊丝向上按钮，使焊丝对准待焊处中心，并与待焊面轻轻接触。

（6）调整导电嘴到焊件间的距离，使焊丝的伸出长度适中。

（7）开关转到焊接位置。

（8）按照焊接方向，将焊接小车的换向开关转到向前或向后的位置上。

（9）调节焊接参数，使之达到预定值。通过电弧电压调制器调节电弧电压；通过焊接速度，通过电流增大或减小按钮来调节。在焊接过程中，电弧电压和焊接电流两者需要配合调节，以得到工艺规定的焊接参数。

（10）焊接小车的离合器手柄向上扳使主动轮与焊接小车的减速器相连接。

（11）打开焊剂漏斗闸门，使焊剂堆放在引弧位置。

2. 焊接

按下启动按钮，自动接通焊接电源，同时将焊丝向上提起，随即焊丝与焊件之间产生电弧，并不断地被拉长，当电弧电压达到给定值时，焊丝开始向下送进。当焊丝送进速度与其熔化速度相等的时候，焊接过程稳定。与此同时，焊车开始沿着轨道移动，焊接过程正常进行。

在焊接过程中，应该注意观察电流表和电压表的读数以及焊接小车的行走路线，随时进行调整，以保证焊接参数的匹配和防止焊偏，并注意焊剂漏斗内的剂量，必要的时候给予添加，以免影响焊接的正常进行，焊接长焊缝时，还要注意观察焊接小车的焊接电源电缆和控制线，防止在焊接过程中被焊件及其他物体挂住，使焊接小车不能按照正确的方向前进，引起烧穿、焊瘤等缺陷。

3. 停止

（1）关闭焊剂漏斗的闸门。

（2）分两步按下停止按钮：第一步先按下一半，这时候手不要松开，使焊丝停止送进，此时电弧仍然继续燃烧，电弧慢慢拉长，弧坑逐渐填满，待弧坑填满后，再将停止按钮按到底，此时焊接小车自动停止并且切断焊接电源。第一步操作时间若太短，焊丝容易粘在熔池中或填不满弧坑；太长容易烧坏导电嘴，需要反复积累经验才能掌握。

（3）扳下焊接小车离合器手柄，用手将焊接小车沿着轨道推至适当位置。

（4）收焊剂，清除渣壳，检查焊缝外观。

（5）焊件焊完后，必须切断一切电源，将现场清理干净，整理好设备，并确认没有暗火后才能离开现场。

材料准备

（1）试件材料：Q345。

（2）试件尺寸：试件尺寸如图5-1所示。

（3）焊接工具：MZ1-1000焊机1台、焊丝H08MnA、焊剂HJ431若干。

（4）辅助工具：护目镜、钢丝刷等。

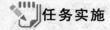任务实施

一、装配定位

焊接接头要求装配间隙均匀，高低平整，错边量小，定位焊用的焊条原则上应与焊缝等强度。定位焊缝应平整，不允许有夹渣、气孔等缺陷，长度一般应大于 30 mm。在焊件两端焊引弧及引出板，装配定位焊如图 5-9 所示。试板装配尺寸如表 5-4 所示。

表 5-4　试板装配尺寸

坡口角度/(°)	装配间隙/mm	钝边/mm	反变形量/(°)	错边量/mm
60	≤2	10 ± 1	3 – 4	≤1.5

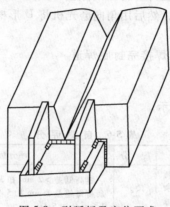

图 5-9　引弧板及定位要求

二、工艺参数

板对接埋弧焊的焊接参数如表 5-5 所示。

表 5-5　板对接埋弧焊的焊接参数

焊件厚度/mm	焊丝直径/mm	焊接电流/A	电弧电压/V	焊接速度/(m/h)	极性
25	4	600 – 700	34 – 38	25 – 30	直流反接

三、操作要领

1. 焊接位置
焊件放在水平位置进行平焊，两面多层多道焊。

2. 焊接顺序
先焊 V 形坡口面，焊完清渣后，将焊件翻身。清根后焊封底焊道。

3. 焊正面
正面为 V 形坡口，采用多层多道焊，每层的操作步骤相同，每焊一层，重复下述步骤一遍。
（1）焊丝对中。调节焊接小车的轨道中心线，使其与焊件中心线平行，保证焊丝始终

处于整条焊缝的中心线上。

（2）引弧。将焊接小车推至引弧板端，锁住焊接小车离合器；按动送丝开关，使焊丝与焊件可靠接触；打开焊剂漏斗阀门给送焊剂，待焊剂将焊丝伸出部分完全覆盖后，按启动按钮引弧。

（3）焊接。从引弧到进入正常焊接过程后，应注意观察焊剂的覆盖情况，在焊接过程中不宜太厚，否则会影响熔池中气体的排除；也不宜过薄而露出弧光，必须覆盖均匀。

（4）收弧。当熔池全部达到引出板后，开始收弧。先关焊剂漏斗，然后按下一半停止按钮，焊丝停送，焊接小车停止前进，电弧仍然继续燃烧，以使焊丝继续熔化填满弧坑，并以按下停止按钮一半的时间长短来控制弧坑填满程度。紧接着按下停止按钮的后一半，这次一直按到底，直到电弧熄灭，焊接结束。

4. 清根

将焊件翻转后，用碳弧气刨在焊件背面间隙刨一条宽约 8～10 mm，深约 4～5 mm 的 U 形槽，将未焊透的地方全部清除掉，然后用角向磨光机将 U 形槽内的焊渣及氧化皮全部清除。

5. 封底焊

按焊正面焊道的步骤和要求焊接完封底焊道。

任务评价

任务评价的内容如表 5-6 所示。

表 5-6　自　测　评　分

序号	检测项目	项目要求	配　分	评分标准	检测结果	得分
1	焊缝尺寸	焊缝正面余高 ≤4 mm，背面余高≤4 mm，焊缝每侧增宽 0.5～3 mm	25	缝高低差 >2 mm 扣 3 分；>3 mm 扣 5 分余高每超差 1 mm 扣 5 分；焊缝增宽每超差 0.5 mm 扣 5 分		
2	焊接缺陷	无夹渣	10	每处夹渣扣 5 分		
		无气孔	10	每个气孔扣 5 分		
		无咬边	10	深 < 0.5 mm 每 20 mm 扣 2 分，深 >0.5 mm 每 20 mm 扣 5 分		
		无裂纹	10	每处裂纹扣 5 分		
		无内凹	10	每处内凹扣 5 分		
		无焊瘤	10	每个焊瘤扣 5 分		
		无角变形	5	角变形 >3° 扣 5 分		
3	工具使用	正确使用	5	不正确不得分		
4	安全文明生产	遵守	5	违者不得分		
	总　　分		100	总　得　分		

任务拓展

一、环焊缝的焊接

对于圆筒体焊接结构的对接环焊缝，可以配备辅助装置和可调速的焊接滚轮架，在焊接小车固定、焊件转动的形式来进行埋弧焊，如图5-10所示。

当简体壁较薄时（6~16 mm），可选用 I 形坡口，正面焊一道，反面清根后再焊一道，这样既能保证质量，又能提高生产率。对于厚度在18 mm以上的板，为保证焊接质量，应当 开坡口。由于装配后的小形容器内部焊接通风条件差，环缝的主要焊接工作应放在外侧进 行，应尽量选用 X 形坡口（大开口在外侧）、V 形坡口或 VU 形组合坡口。

1. 焊接顺序

简体内外环缝的焊接顺序一般是先焊内环缝，后焊外环缝。双面埋弧焊焊接内环缝时焊机可放在简体底部，配备滚轮架，或使用内伸式焊接小车，配备滚轮架进行焊接。简体外侧配备圆盘式焊剂垫、带式焊剂垫或螺旋推进器式焊剂垫。焊接外环缝时 可使用立柱式操作机，平台式操作机或龙门式操作机，配备滚轮架进行焊接。

2. 偏移量的选择

埋弧焊焊接环缝时，除焊接参数对焊接质量有影响外，焊丝与焊件的相对位置也起着重要作用。当简体直径大于2 m时，若焊丝位置不当，常会造成焊缝成形不良。焊内环缝时，若将焊丝调在环缝的最低点，如图5-11所示的焊接过程中，随着焊件的转动，熔池处在电弧的左上方，相当于下坡焊，结果使熔池变浅，焊缝宽度增大而余高减小，严重时将造成焊缝中部下凹。焊接外环缝时，若将焊丝调在环缝的最高点，熔池处在电弧的右下方，相当于上坡焊，结果熔深较大，焊缝余高增加而焊缝宽度减小。环缝直径越小，上述现象越突出。

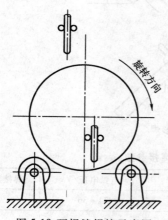

图5-10 环焊缝焊接示意图

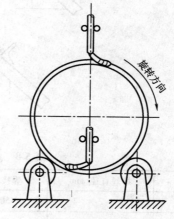

图5-11 焊丝对中心

为避免上述问题的出现，保证焊缝成形良好，在环缝埋弧焊时，焊丝应逆焊件旋转方向 相对于焊件中心有一个偏移量，如图5-10所示，所以保证焊接内外环缝时的焊接熔池大致 处于水平位置时凝固，从而得到良好的焊缝成形。

偏移量的大小，随着简体的直径、焊接速度及焊接电流的变化而变化。一般焊接内环缝时，随着焊接层数的增加（即相当于焊件的直径减小），焊丝偏移量应由大到小变化，当焊到焊缝表面时，因要求有较大的焊缝宽度。这时偏移量的值可取得小一些。焊接外环缝时，因要求有较大的焊缝宽度，这时偏移量可取得大一些。

偏移量的大小可根据简体直径，参照表5-7进行选择。不过最佳偏移量还应根据焊缝成形的好坏做相应的调整。

表 5-7　焊丝偏移量的选用

单位：mm

筒体直径	偏移量	筒体直径	偏移量
800 ~ 1 000	20 ~ 25	< 2 000	35
< 1 500	30	< 3 000	40

二、船形焊

船形焊的焊接形式如图 5-12 所示。焊接时，由于焊丝处在垂直位置，熔池处在水平位置，熔深对称，焊缝成形好，能保证焊接质量，但易得到凹形焊缝，对于重要的焊接结构，如锅炉钢架，要求此焊缝的有效厚度应不小于焊缝厚度的 60%，否则必须补焊。当焊件装配间隙超过 1.5 mm 时，容易发生熔池金属流失和烧穿等现象。因此，对装配质量要求较严格。当装配间隙大于 1.5 mm 时，可在焊缝背面用焊条电弧焊封底，用石棉垫或焊剂垫等来防止熔池金属的流失。在确定焊接参数时，电弧电压不能太高，以免焊件两边产生咬边。船形焊的焊接参数见表 5-8 所示。

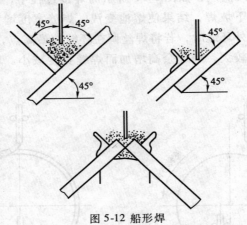

图 5-12　船形焊

表 5-8　船形焊焊接参数

焊脚长度/mm	焊丝直径/mm	焊接电流/A	电弧电压/V	焊接速度/（cm/min）
6	2	450 ~ 475	34 ~ 36	67
8	3	550 ~ 600	34 ~ 36	50
	4	575 ~ 625	34 ~ 36	50
10	3	600 ~ 650	34 ~ 36	38
	4	650 ~ 700	34 ~ 36	38
12	3	600 ~ 650	34 ~ 36	25
	4	725 ~ 775	36 ~ 38	33
	5	775 ~ 825	36 ~ 38	30

三、横角焊

横角焊的焊接形式，如图 5-13 所示。由于焊件太大，不易翻转或其他原因不能在船形焊位置上进行焊接，才采用横角焊（即焊丝倾斜）。横角焊的优点是对焊件装配间隙敏感性较小，即使间隙较大，一般也不会产生金属溢流等现象。其缺点是单道焊缝的焊脚最大不能超过 8 mm。当焊脚要求大于 8 mm 时，必须采用多道焊或多层多道焊。角焊缝的成形与焊丝和焊件的相对位置关系很大，当焊丝位置不当时，易产生咬边、焊偏或未熔合等现象，因此焊丝位置要严格控制，一般焊丝与水平板的夹角应保持在 45°～75°之间，通常为 60°～70°，并选择距垂直面适当的距离。电弧电压不宜太高，这样可使焊剂的熔化量减少，防止熔渣溢流。使用细焊丝能保证电弧稳定，并可以减小熔池的体积，以防止熔池金属溢流，横角焊的焊接参数如表 5-9 所示。

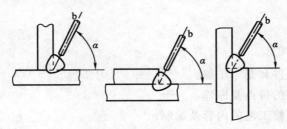

图 5-13　横角焊

表 5-9　横角焊焊接参数

焊脚尺寸/mm	焊丝直径/mm	层数	焊接电流/A	电弧电压/V	焊接速度/（m/h）
4	4	一	550	30	48
5	4	一	600	32	42
6	4	一	600	32	36
7	5	一	600	33	27
8	5	一	600	33	21
10	5	1	800	34	30
		2	500	33	30
12	5	1	800	34	27
		2	600	34	36

任务回顾

（1）埋弧焊的原理是什么？主要的优缺点有哪些？

（2）埋弧焊的焊接参数有哪些？这些参数的选择对焊缝的成形有什么影响？

（3）埋弧焊机应该遵循哪些步骤来操作？

（4）环焊缝如何用埋弧焊来焊接？在焊接的过程中需要注意哪些问题？

（5）埋弧焊的船形焊和横角焊各适用于什么情况的焊接？

项目 六 焊件的返修

任务 焊件的返修

学习目标

1. 知识目标

（1）了解返修的条件和基本步骤。

（2）掌握碳弧气刨的特点及原理。

（3）掌握产品的返修工艺的内容及编制。

2. 技能目标

（1）掌握碳弧气刨的操作技术和操作要领。

（2）掌握焊接产品的返修操作技术和操作要领。

3. 素质目标

（1）树立学生对企业员工的角色意识，确立基本的职业态度。

（2）通过分组学习，锻炼学生的团队协作意识。

任务描述

使用碳弧气刨进行返修前的焊接处理并制定相应的焊接工艺完成焊件的焊接。

知识准备

一、焊缝返修的意义和条件

（1）由于制造过程中影响质量的因素很多，焊接产品存在诸多不可定量的因素，导致焊接接头的性能具有不确定性。焊接产品的焊缝存在缺陷时，在不影响产品的使用和不损坏材料性能的前提下，可以对其进行返修，即将有缺陷的焊缝切开，重新进行焊接。通过返修，可以避免产品或设备因缺陷导致报废而造成的浪费，可以避免因带缺陷继续满负荷运行而引发重大事故所造成的经济损失。焊缝返修对保证产品的制造质量及设备的安全运行有着很大的意义。

（2）焊接产品的焊缝表面若存在裂纹、气孔，收弧处大于 0.5 mm 深的气孔，深度大于 0.5 mm 的咬边等，均应进行返修。返修由考试合格的焊工进行，并采用经过评定验证的焊接工艺。注意同一位置的返修不能超过三次。

二、焊缝返修的基本步骤

确定缺陷的种类、位置—制定返修工艺—清除焊缝缺陷（碳弧气刨、手工铲磨、机械加工等）—补焊—焊缝检验以及后热处理。

三、碳弧气刨的使用

1. 碳弧气刨的概念

碳弧气刨是指使用石磨棒或碳棒与工件间产生的电弧将金属熔化，并用压缩空气将其吹掉，以实现在金属表面上加工沟槽的方法。

2. 碳弧气刨的过程

碳弧气刨的过程如图 6-1 所示。

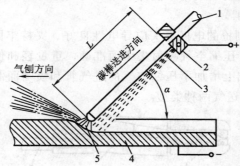

图 6-1 碳弧气刨示意图
1—碳棒；2—气刨钳；3—压缩空气；4—工件；5—碳极电弧

3. 碳弧气刨的特点

1）优点

（1）与采用风铲相比，采用碳弧气刨可提高效率 4 倍，在仰焊位置及垂直俯焊位置时其优越性更大。

（2）与用风铲相比，采用碳弧气刨没有震耳的噪声，并减轻了劳动强度。

（3）在狭窄的位置使用风铲有困难，而碳弧气刨仍可以适用。对于封底焊缝，用碳弧气刨刨槽时容易发现各种细小的缺陷。

2）缺点

（1）碳弧有烟雾、粉尘污染和弧光辐射，对健康有一定的影响。

（2）操作不当时容易引起槽道增碳。

（3）目前多采用直流电源，设备费用较高。

4. 碳弧气刨的应用

碳弧气刨这种方法已广泛应用于造船、机械制造、锅炉、压力容器等金属结构制造等领域。具体包括以下 5 方面：

（1）主要用于双面焊时清理背面焊根。

（2）清除焊缝中的缺陷。

（3）自动碳弧气刨用来为较长的焊缝和环焊缝加工坡口；手工碳弧气刨用来为单件、不规则的焊缝加工坡口（如 U 形坡口）。

（4）清除铸件的毛边，清除浇冒口和铸件中的缺陷。

（5）切割高合金钢、铝、铜及其合金等。

5. 碳弧气刨使用的工具、材料及电源设备

碳弧气刨系统由电源、气刨枪、碳棒、电缆气管和压缩空气源等组成。

（1）电源。碳弧气刨一般采用具有陡降外特性且动特性较好的手工直流电弧焊机作为电源。由于碳弧气刨一般使用的电流较大，且连续工作时间较长，因此，应选用功率较大的焊机。例如，当使用直径为 7 mm 的碳棒时，碳弧气刨电流为 350 A，故宜选用额定电流为 500 A 的手工直流电弧焊机作为电源。使用工频交流焊接电源进行碳弧气刨时，由于电流过零时间较长会引起电弧不稳定，故在实际生产中一般并不使用。近年来研制成功的交流方波焊接电源，尤其是逆变式交流方波焊接电源的过零时间极短，且动态特性和控制性能优良，可应用于碳弧气刨。

（2）气刨枪。碳弧气刨枪的电极夹头应导电性良好、夹持牢固，外壳的绝缘及绝热性能良好，且更换碳棒方便，压缩空气喷射集中而准确，重量轻和使用方便。碳弧气刨枪就是在焊条电弧焊焊钳的基础上增加了压缩空气的进气管和喷嘴而制成的。碳弧气刨枪有侧面送气（见图 6-2）和圆周送气两种类型。

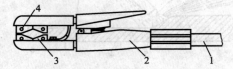

图 6-2　侧面送气气刨枪结构示意图
1—电缆气管；2—气刨枪体；3—喷嘴；4—喷气孔

① 侧面送气气刨枪。侧面送气气刨枪的优点是结构简单，压缩空气紧贴碳棒喷出，碳棒长度调节方便。缺点是只能向左或向右单一方向进行气刨。图 6-3 所示为侧面送气气刨枪嘴结构示意图。

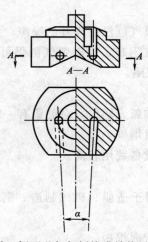

图 6-3　侧面送气气刨枪嘴结构示意图

② 圆周送气气刨枪。圆周送气气刨枪只是枪嘴的结构与侧面送气气刨枪有所不同。圆周送气气刨枪的优点是喷嘴外部与工件绝缘，压缩空气由碳棒四周喷出。碳棒冷却均匀，适合在各个方向操作。缺点是结构比较复杂。图 6-4 所示为圆周送气气刨枪嘴结构示意图。

（3）电缆气管。一般碳弧气刨枪上部需连接电源导线和压缩空气橡皮管。为了使压缩

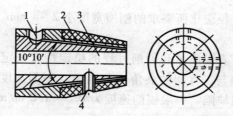

图 6-4 圆周送气气刨枪嘴结构示意图
1—电缆气管的螺孔；2—气道；3—碳棒孔；4—紧固碳棒的螺孔

空气能冷却发热的导线，同时便于操作，可以采用电风合一的软管，这样不但解决了导线在大电流时的发热问题，而且使导线的截面减小。这种电风合一的气刨枪软管具有重量轻、使用方便、节省材料等优点。

（4）碳棒。碳棒是由碳、石墨加上适当的黏合剂，通过挤压成形、焙烤后镀一层铜而制成的。碳棒主要分为圆碳棒、扁碳棒和半圆碳棒三种，其中圆碳棒最常用。对碳棒的要求是耐高温、导电性良好、不易断裂、使用时散发的烟雾及粉尘少。碳弧气刨的碳棒规格及适用电流如表 6-1 所示。

表 6-1 碳弧气刨的碳棒规格及适用电流

断面形状	规格/（mm×mm）	适用电流/A	断面形状	规格/（mm×mm×mm）	适用电流/A
圆形	$\phi 3 \times 355$（长度）	150~180	扁形	3×12×355（长度）	200~300
	$\phi 4 \times 355$	150~200		4×8×355	180~270
	$\phi 5 \times 355$	150~250		4×12×355	200~400
	$\phi 6 \times 355$	150~300		5×10×355	300~400
	$\phi 7 \times 355$	200~350		5×12×355	350~450
	$\phi 8 \times 355$	250~400		5×15×355	400~500
	$\phi 9 \times 355$	350~450		5×18×355	450~550
	$\phi 10 \times 355$	350~500		5×20×355	500~600

6. 工艺参数及其影响

1）电源极性

碳弧气刨一般采用直流反接（工件接负极）。这样使得电弧稳定，熔化金属的流动性较好，凝固温度较低，因此反接时刨削过程稳定，电弧发出连续的刷刷声，刨槽宽窄一致，光滑明亮。若极性接错，电弧不稳且发出断续的嘟嘟声。

2）电流与碳棒直径

电流与碳棒直径成正比关系，一般可参照下面的经验公式选择电流：

$$I = (30 \sim 50) D$$

式中 I——电流，A；

D——碳棒直径，mm。

对于一定直径的碳棒，如果电流较小，则电弧不稳，且易产生夹碳缺陷。适当增大电流，可提高刨削速度，使刨槽表面光滑、宽度增大。在实际应用中，一般选用较大的电流，但电流过大时，碳棒烧损很快，甚至碳棒熔化，造成槽道增碳。碳棒直径均选择主要根据所需刨槽宽度，一般碳棒直径应比所要求的刨槽宽度小 2～4 mm。

3）刨削速度

刨削速度对刨槽尺寸、表面质量和刨削过程的稳定性有一定的影响。刨削速度应与电流大小和刨槽深度（或碳棒与工件间的夹角）相匹配。刨削速度太快，易造成碳棒与金属短路、电弧熄灭，形成夹碳缺陷。一般刨削速度为 0.5～1.2 m/min 为宜。

4）压缩空气压力

压缩空气的压力会直接影响刨削速度和刨槽表面质量。压力高，可提高刨削速度和刨槽表面的光滑程度；压力低，则造成刨槽表面粘渣。一般要求压缩空气的压力为 0.4～0.6 MPa。压缩空气所含水分和油分可通过在压缩空气的管路中加过滤装置予以限制。

5）碳棒的外伸长

碳棒从导电嘴到碳棒端点的长度为外伸长。手工碳弧气刨时，外伸长大，压缩空气的喷嘴离电弧就远，造成风力不足，不能将熔渣顺利吹掉，而且碳棒也容易折断。一般外伸长为 80～100 mm 为宜。随着碳棒烧损，碳棒的外伸长不断减少，当外伸长减少至 20～30 mm 时，应将外伸长重新调至 80～100 mm 为宜。

6）碳棒与工件间的夹角

碳棒与工件间的夹角 α（见图 6-1）大小，主要影响刨槽深度和刨削速度。夹角增大，则刨削深度增加，刨削速度减小。一般手工碳弧气刨采用夹角 45°左右为宜。

7. 碳弧气刨的安全技术

（1）遵守常规的焊工安全操作规程。

（2）露天作业时，尽可能顺着风操作，防止吹出的熔渣烧伤周围其他作业人员，并做好现场安全防火工作。

（3）在容器内操作时，必须有通风、排烟措施。

（4）气刨电流较大时，连续使用应防止焊机过载发热。

（5）碳弧气刨产生的粉尘、烟雾对人体有较大的危害，操作时最好戴特制的防护口罩。

8. 碳弧气刨的操作过程

（1）根据碳棒直径选择并调节好电流，使气刨枪夹紧碳棒并调节碳棒外伸长为 80～100 mm。打开气阀并调节好压缩空气流量，使气刨枪气口和碳棒对准待刨部位。

（2）通过碳棒与工件轻轻接触引燃电弧。开始时，碳棒与工件的夹角要小，逐渐将夹角增大到所需的角度。在刨削过程中，弧长、刨削速度和夹角大小三者适当配合时，电弧稳定、刨槽表面光滑明亮；否则电弧不稳、刨槽表面可能出现夹碳和粘渣等缺陷。

（3）在垂直位置时，应由上向下操作，这样在重力的作用下有利于除去熔化金属；在平位置时，既可从左向右，也可从右向左操作；在仰位置时，熔化金属由于重力的作用很容易落下，这时应注意防止熔化金属烫伤操作人员。

（4）碳棒与工件之间的夹角由槽深而定，刨削要求深，夹角就应大一些。然而，一次刨削的深度越大，对操作人员的技术要求越高，且容易产生缺陷。因此刨槽较深时，往往要求刨削 2～3 次。

（5）要保持均匀的刨削速度。均匀清脆的"嘶嘶"声表示电弧稳定，能得到光滑均匀的刨槽。速度太快易短路，太慢又易断弧。每段刨槽衔接时，应在弧坑上引弧，以防止弄伤刨槽或产生严重凹痕。

9. 常见缺陷及排除措施

1）夹碳

刨削速度和碳棒的送进速度不稳时，易造成短路熄弧，使碳棒粘在未熔化的金属上，从而产生夹碳缺陷。夹碳缺陷处会形成一层含碳量高达 6.7%（质量分数）的硬脆的碳化铁。若夹碳残存在坡口中，则焊后易产生气孔和裂纹。

排除措施：夹碳主要是因操作不熟练而造成的，因此应提高操作技术水平。在操作过程中要细心观察，及时调整刨削速度和碳棒的送进速度。发生夹碳后，可用砂轮、风铲或重新用气刨将夹碳部分清除干净。

2）粘渣

碳弧气刨吹出的物质俗称为渣，它实质上主要是氧化铁和碳化铁等化合物，易粘在刨槽的两侧而形成粘渣，焊接时容易形成气孔。

排除措施：粘渣的主要原因是压缩空气压力偏小。发生粘渣后，可用钢丝刷、砂轮或风铲等工具将其清除。

3）铜斑

碳棒表面的铜皮成块剥落、熔化后，集中熔敷到刨槽表面某处而形成铜斑。焊接时，该部位焊缝金属的含铜量可能增加很多，从而引起热裂纹。

排除措施：碳棒镀铜的质量不好、电流过大都会造成铜皮成块剥落而形成铜斑，因此，应选用质量好的碳棒和选择合适的电流。发生铜斑后，可用钢丝刷、砂轮或重新用气刨将铜斑消除干净。

4）刨槽尺寸和形状不规则

在碳弧气刨操作过程中，有时会产生刨槽不正、深浅不匀，甚至刨偏的缺陷。

排除措施：产生以上缺陷的主要原因是操作技术不熟练。因此，应从以下几个方面改善操作技术：

（1）保持刨削速度和碳棒的送进速度稳定。

（2）在刨削过程中，碳棒的空间位置，尤其是碳棒的夹角，应合理且保持稳定。

（3）刨削时应集中注意力，使碳棒对准预定的刨削路径。在清焊根时，应将碳棒对准装配间隙。

四、铸件返修工艺

焊条电弧焊补焊铸件的方法有冷焊法、热焊法和半热焊法三种。补焊方法要根据铸件的具体形状、尺寸、大小、缺陷类型、缺陷位置及焊后要求来选择。一般采用冷焊及热焊法的情况较多，半热焊法通常用于缺陷较集中的大件。

1. 电弧冷焊法工艺

焊前不预热或预热温度不超过 300 ℃的焊接方法称为冷焊法。

1）焊前准备

焊前将铸件缺陷周围的型砂、油污等清除干净，直至露出金属光泽。补焊裂纹时，须在裂纹两端钻止裂孔。用铲、砂轮或气刨等方法将缺陷处加工成合适形状的坡口。

2）补焊焊接参数

补焊铸件时，为了减小补焊区与整体之间的温差，防止热应力过大而产生裂纹，要选用小的焊接参数。铸件补焊冷焊法的焊接参数如表 6-2 所示。深坡口补焊时，要采用多层焊。

表 6-2　铸件补焊冷焊法的焊接参数

焊条牌号	焊条直径/mm	焊接电流/A	电源极性	备　注
Z116	3.2	98~105	直流反接	高强度灰铸铁件及球墨铸件的补焊
Z117	4	120~125		
Z308	4	115~125	交流或直流反接	重要灰铸铁薄壁件和加工面的补焊
	3.2	90~100		
1612	4	120~130	交流或直流反接	一般灰铸铁件非加工面的补焊
	3.2	95~100		

3）冷焊法操作要领

冷焊法补焊宜采用分段退焊法和分散焊法，每段焊缝长约 10~15 mm。每段焊缝焊完后要等到完全冷却，才能焊下一段。补焊时，要尽量压低电弧，焊速稍快，焊条不摆动。其操作要领是细焊条、小电流、浅熔深、短段、断续、退步焊，每段应锤击以消除应力等。

2．电弧热焊法工艺

焊前将铸件预热至 650~700 ℃，并在 400 ℃ 以上进行焊接，焊后在 650~700 ℃ 保温，然后缓慢冷却，这种补焊法称为热焊法。

1）焊前准备

（1）补焊前将铸件缺陷部位清理干净，直至露出金属光泽。

（2）根据缺陷的性质，用钻孔、錾挖等方法将缺陷处修制成必要的坡口。为保证焊后的几何形状，不使熔融金属外流，可在铸件待补焊处简单造型。

（3）小尺寸铸件可以采用整体预热，大铸件可以采用局部预热。

2）补焊操作

（1）热焊时采用铸铁芯焊条（2248），要用大电流（焊接电流是焊条直径的 55 倍）焊接。

（2）焊接时最好选用平焊位置，要始终保持工件的温度不低于 400~500 ℃。

（3）焊接过程中可根据坡口的大小采用锯齿形、圆圈形和直线形运条法。

（4）每条焊缝应一次焊完，不可断续。

（5）不要在有风的地方进行焊接。

（6）焊后焊件要用石棉网盖上或在炉中随炉缓冷。

五、产品返修的工艺制定

正确的返修工艺是返修工作顺利实施、取得成功的保证，并作为该产品今后运行和检查的重要历史资料保存。

返修工艺的编制根据实际情况可繁可简，但基本上包括以下几方面的内容：

1．产品的基本情况

产品的基本情况即以产品类型、运行历史、材料种类、工况参数作为分析的基础。

2．缺陷状况

缺陷状况即说明缺陷的种类、性质、大小、位置及严重程度等。

3. 分析原因

分析原因即分析缺陷产生的原因。这一点对于确保返修成功是非常重要的一环。

4. 处理方案

科学合理的返修方案是返修工作中的重要指导性文件，其具体内容包括：

（1）缺陷的消除方法及坡口的加工。

（2）返修区域缺陷清除后的复验方法及要求。

（3）返修焊补工艺。包括采用的设备、焊接材料的选取；返修的焊接方法及工艺；预热和后热及层间温度的确定和控制；焊后热处理方法的确定和焊后热处理规范的制订；补焊次数及补焊规范的确定和控制等。

（4）焊后检验方法的确定与检验方案的实施。包括合格验收标准的确定和补焊后的验收等。

5. 切实可靠的安全防护措施

安全防护措施同本节前面的碳弧气刨安全措施。

任务回顾

（1）碳弧气刨的原理是什么？其主要用途是什么？

（2）碳弧气刨的主要参数有哪些？对刨削质量有什么影响？

（3）碳弧气刨常见的缺陷有哪些？如何避免这些缺陷？

附　　录

附录 A　国家职业技能鉴定——焊工技能标准（中级）

职业功能	工作内容		技能要求	相关知识
焊前准备	安全检查		能够进行场地设备、工卡具安全检查	安全操作规程
	焊接材料准备		正确选择和使用常用金属材料的焊条	焊接冶金原理
				常用金属材料的焊条选择和使用
			正确选择和使用焊剂	焊剂的作用
				焊剂的分类及型号
				焊剂的使用
			正确选择和使用保护气体	保护气体的种类及性质
				保护气体使用
			正确选择和使用焊丝	焊丝的种类型号、成份、性能及使用
	工件准备		能够进行不同位置的焊接坡口的准备	不同焊接位置的坡口选择
			能够控制焊接变形	焊接变形知识
			能够进行焊前预热	焊前预热作用和方法
			能够进行焊件组对及定位焊	组对及定位焊基本要求
焊接过程	设备准备		能正确选择手工电弧焊机、埋弧焊机、气体保护焊机、电阻焊机等辅助装置	埋弧焊机分类及组成
				埋弧焊机工作原理
				钨极氩弧焊机及辅助装置
				CO_2 气体保护焊机及辅助装置
	常用焊接方法运用（可根据申报人情况任选一种）	手工电弧焊	能够运用常用的焊接方法对常用的金属材料进行焊接	——
			能够进行低碳钢平板对接立焊、横焊的单面焊双面成形	不同位置的焊接工艺参数、不同位置工艺要点
			能够进行低碳钢平板对接的仰焊	
			能够进行低碳钢管垂直固定的单面焊双面成形	
			能够进行低碳钢管的水平固定焊接	

职业功能	工作内容		技能要求	相关知识
焊接过程	常用焊接方法运用（可根据申报人情况任选一种）	埋弧焊	能够进行埋弧焊机的操作	埋弧焊工作原理、特点及应用范围
				埋弧焊自动调节原理
			能够正确选择埋弧焊工艺参数	埋弧焊工艺参数
			能够进行中、厚板的平板对接双面焊	埋弧焊操作要点
		钨极氩弧焊	能够正确选择手工钨极氩弧焊工艺	手工钨极氩弧焊工作原理、特点及应用范围
			能够进行近的手工钨极氩弧接单面双面成型	
			能够进行近的手工钨氩弧焊打底，手工电弧焊填充、盖面	手工钨极氩弧焊工艺品参数、手工钨氩弧焊操作要点
		CO₂ 气体保护焊	能够正确选择半自动二氧化碳气体保护焊工艺	CO_2 气体保护焊工作原理、特点及应用范围
				CO_2 气体保护焊的熔滴过渡及飞溅
				半自动 CO_2 气体保护焊工艺
			能够进行半自动二氧化碳气体保护焊板的各种位置单面焊双面成型	半自动 CO_2 焊接操作要点
		电阻焊	能够正确选择电阻焊工艺参数	电阻焊原理、分类、特点及应用范围；点焊工艺；对焊工艺；点焊和对焊操作要点
			能够进行电阻焊机操作	
			能够进行薄板点焊、钢筋对焊	
		等离子焊接与切割	能够进行奥氏体不锈钢的等离子切割	等离子电弧特点及分类
			能够进行奥氏体不锈钢的焊接	等离子焊接方法分类
				等离子焊接工艺
		其他焊接方法运用（钎焊等）	能够运用所选用的焊接方法进行焊接	其他焊接方法的原理和应用范围
				其他焊接方法的设备及工艺
	焊接接头质量控制	控制焊接头的组织和性能	能够控制焊后焊接接头中出现的各种组织	焊接熔池的一次结晶、二次结晶
				焊缝中的有害气体及有害元素的影响
				焊接接头热影响区的组织和性能
			能够控制和改善焊接接头的性能	影响焊接接头的因素
				控制和改善焊接接头性能的措施
		控制焊接应力及变形	能够控制和娇正焊接残余变形	焊接应力及变形产生的原因
			能够减少和消除焊接残余应力	焊接残余变形和残余应力的分类
				控制焊接残变形的措施
				矫正残余变形的方法
				减少焊接残余应力的措施
				消除残余力应力的方法

职业功能	工作内容		技能要求	相关知识
焊接过程	常用金属材料的焊接（可根据申报人情况任选一种）	低合金结构钢的焊接	能够选择低合金结构钢焊接材料和工艺	焊接性概念
				低合金结构钢的焊接性
				低合金结构钢焊接工艺
		珠光体耐热钢和低温钢的焊接	能够选择珠光体耐热和低温钢焊接材料和工艺	珠光体耐热钢和低温钢的焊接性
				珠光体耐热钢和低温钢的焊接工艺
		奥氏体不锈钢的焊接	能够选择奥氏体不锈钢焊接材料和工艺	不锈钢的分类及性能奥氏体不锈钢的焊接性
				奥氏体不锈钢焊接工艺
焊后检查	焊接缺陷分析		能够防止焊接缺陷	焊接缺陷的种类和特征
				焊接缺陷的危害
				焊接缺陷产生的原因
				焊接缺陷的防止措施
			能够进行焊接缺陷的返修	焊接缺陷返修要求
				焊接缺陷返修方法
	焊接检验		能够对焊接接头外观缺陷进行检验	焊接检验方法分类
				焊接检验方法的应用范围
			能够根据力学性能和 X 射线检验的结果评定焊接质量	破坏性检验方法
				力学性能评定标准
				非破坏性检验方法的工作原理
				X 射线评定标准

附录 B　国家职业技能鉴定——焊工技能标准（高级）

职业功能	工作内容		技能要求	相关知识
焊前准备	安全检查		能够进行场地设备、工卡具安全检查	安全操作规程
	焊接材料准备		能够正确选用焊条及焊丝	铸铁、有色金属、异种金属等的焊条及焊丝选择和使用
	工作准备		能够进行铸铁、有色金属、异种金属等的坡口准备	铸铁、有色金属、异种金属性质
				铸铁、有色金属、异种金属焊前准备要求
	设备准备		能够进行焊接设备的调试	焊接设备调试方法
			能够运用常用的焊接方法对各种（常用及特殊）材料进行焊接	—
	焊接接头试验		能够进行焊接接头试验试件的制备	焊接接头力学性能试验
				焊接接头焊接性试验
焊接过程	特殊材料焊接（可根据申报人情况任选一种）	铸铁焊接	能够进行灰口铸铁的焊补	铸铁的分类
				铸铁的焊接性
				铸铁焊接工艺
		有色金属	能够进行铝及其合金的焊接	铝及其合金的分类
				铝及其合金的焊接性
				铝及其合金的焊接工艺
			能够进行铜及其合金的焊接	铜及其合金的分类
				铜及其合金的焊接性
				铜及其合金的焊接工艺
			能够进行钛及其合金的焊接	钛及其合金的分类及性质
				钛及其合金的焊接性
				钛及其合金的焊接工艺
		异种金属的焊接	能够进行珠光体钢和奥氏体不锈钢的单面焊双面成型	异种钢的焊接性
				珠光体钢和奥氏体不锈钢（含复合钢板）的焊接工艺
			能够进行低碳钢与低合金钢的焊接	低碳钢与低合金钢的焊接性
				低碳钢与低合金的焊接工艺
	手工电弧焊或其他焊接方法运用		能够进行平板对接仰焊位单面焊双面成型	各种位置焊接的操作要点
			能够进行管对接水平固定位置的单面焊双面成型	
			能够进行骑座式管板的仰焊位置单面焊双面成型	
			能够进行小直径管垂直固定和水平固定加障碍的单面焊双面成型	
			能够进行小直径管 45。倾斜固定单面焊双面成型	

职业功能	工作内容	技能要求	相关知识
焊接过程	典型容器和结构焊接	能够进行典型容器和结构的焊接	锅炉及压力容器结构的特点和焊接
			梁柱的特点和焊接
焊后检查	焊接缺陷分析	能够防止特殊材料的焊接缺陷	特殊材料焊接缺陷产生原因及防止措施
		能够防止典型容器械和结构的焊接缺陷	典型容器和结构焊接缺陷产生原因及防止措施
	焊接检验	能够进行渗透试验	—
		能够进行水压试验	

附录 C 中级电焊工理论知识试题

一、选择题（选择正确答案，将相应字母填进括号）

1. 能够完整地反映晶格特征的最小几何单元称为（   ）。

A. 晶粒   B. 晶胞   C. 晶面   D. 晶体

2. （   ）的目的是使晶核长大速度变小。

A. 热处理   B. 变质处理   C. 冷处理   D. 强化处理

3. 金属发生同素异构转变时与（   ）一样是在恒温下进行的。

A. 金属蠕变   B. 金属强化   C. 金属变形   D. 金属结晶

4. 金属在固态下随温度的改变，由一种晶格转变为另一种晶格的现象称为（   ）。

A. 晶格转变   B. 晶体转变   C. 同素异构转变   D. 同素同构转变

5. 二元合金相图是通过（   ）方法建立起来的。

A. 模拟   B. 计算   C. 试验   D. 分析

6. 碳溶于面心立方晶格的 $\gamma\text{-Fe}$ 中所形成固溶体称为（   ）。

A. 铁素体   B. 奥氏体   C. 渗碳体   D. 莱氏体

7. 碳溶于（   ）的 $\gamma\text{-Fe}$ 中所形成的组织称为奥氏体。

A. 金属晶体   B. 密排立方晶格   C. 面心立方晶格   D. 体心立方晶格

8. 铁碳相图上的共析线是（   ）线。

A. ACD   B. ECF   C. PSD   D. GS

9. 铁碳相图中的 GS 线是冷却时奥氏体析出铁素体的开始线，奥氏体向铁素体转变是
（   ）。

A. 碳在奥氏体中溶解度达到饱和的结果

B. 溶剂金属发生同素异构转变结果

C. 奥氏体发生共析转变的结果

D. 溶质金属发生同素异构转变的结果

10. 合金组织大多数属于（   ）。

A. 金属化合物   B. 单一固溶体   C. 机械混合物   D. 纯金属

11. 热处理是将固态金属或合金用适当的方式进行（   ）以获得所需组织结构和性
能的工艺。

A. 加热、冷却   B. 加热、保温

C. 保温、冷却   D. 加热、保温顺冷却

12. 热处理方法固然很多，但任何一种热处理都是由（   ）三个阶段组成的。

A. 加热、保温顺冷却   B. 加热、保温顺转变

C. 正火、淬火和退火   D. 回火、淬火和退火

13. 正火与退火相比，主要区别是由于正火冷却速度快，所以获得的组织（   ）比
退火高些。

A. 较细、强度、硬度   B. 较粗、强度、硬度

C. 较细、塑性、硬度   D. 较粗、塑性、硬度

14. 共析钢在冷却转变时，冷却速度越大，珠光体组织的片层间距越小，强硬度（　　）。

　　A. 越高　　　　　　B. 越低　　　　　　　C. 不变　　　　　　D. 与冷却速度无关

15. 工件出现硬度偏高这种退火缺陷时，其补救方法是（　　）。

　　A. 调整加热和冷却参数重新进行一次退火　　B. 进行一次正火

　　C. 进行一次回火　　　　　　D. 以上均不行

16. 合金钢的性能主要取决于它的（　　），但可以通过热处理的方法改变其组织和性能。

　　A. 工艺性能　　　　B. 机械性能　　　　　C. 化学成分　　　　D. 物理性能

17. 淬火钢回火时，随着回火温度的进步，其力学性能变化趋势是（　　）。

　　A. 强硬度进步，塑韧性进步　　　　　　B. 强硬度降低，塑韧性降低

　　C. 强硬度进步，塑韧性降低　　　　　　D. 强硬度降低，塑韧性进步

18. 35 钢铸造后存在魏氏体组织，再经正火处理后，得到均匀细小的铁素体与（　　），机械性能大大改善。

　　A. 珠光体　　　　　B. 奥氏体　　　　　　C. 渗碳体　　　　　D. 莱氏体

19. 对于过共析钢，要消除严重的网状二次渗碳体，以利于球化退火，则必须进行（　　）。

　　A. 等温退火　　　　B. 扩散退火　　　　　C. 正火　　　　　　D. 安全退火

20. 中温回火的温度是（　　）。

　　A. 150～250 ℃　　B. 350～500 ℃　　　C. 500～600 ℃　　D. 250～350 ℃

21. 锻钢一般加热获得奥氏体组织，这时它的（　　）便于塑性变形加工。

　　A. 强度高、塑性好　　　　　　B. 强度高、塑性差

　　C. 强度低、塑性好　　　　　　D. 强度低、塑性差

22. 锻钢时一般加热后获得（　　）组织。

　　A. 渗碳体　　　　　B. 珠光体　　　　　　C. 铁素体　　　　　D. 奥氏体

23. 为消除合金铸锭及铸件在结晶过程中形成的枝晶偏析，采用的退火方法为（　　）。

　　A. 完全退火　　　　B. 等温退火　　　　　C. 球化退火　　　　D. 扩散退火

24. 贝氏体组织中，机械性能最好的是（　　）。

　　A. 上贝氏体　　　　B. 下贝氏体　　　　　C. 粒状贝氏体　　　D. 球状贝氏体

25. 消除铸件，焊接件及机加工件残余内应力，应在精加工或淬火前进行的退火方式是（　　）。

　　A. 扩散退火　　　　B. 往应力退火　　　　C. 球化退火　　　　D. 完全退火

26. 将钢材或钢件加热到 A_{C3} 或 A_{C3} 以上（　　），保温适当的时间后，在静止的空气中冷却的热处理工艺称为正火。

　　A. 10～20 ℃　　　B. 20～30 ℃　　　　C. 40～60 ℃　　　　D. 30～50 ℃

27. 回火时决定钢的组织和性能的主要因素是回火温度，回火温度可根据（　　）的力学性能来选择。

　　A. 设计方案　　　　B. 施工要求　　　　　C. 工件要求　　　　D. 加工速度

28. 当奥氏体晶粒均匀细小时，钢的强度，塑韧性的变化是（　　）。

　　A. 强度增高，塑韧性降低　　　　　　B. 强度降低，塑韧性增高

　　C. 强度增高，塑韧性增高　　　　　　D. 强度降低，塑韧性降低

29. 粒状珠光体与片状珠光体相比，粒状珠光体（　　）。

A. 强度低而塑性高
B. 强度高而塑性低
C. 强度高　塑性高
D. 强度低　塑性低

30. 化学热处理是指在一定温度下，在含有某种化学元素的活性介质中，向钢件（　　）从而改变钢件表面化学成分以获得预期组织和性能的一种热处理方法。

A. 表面渗透某种化学元素
B. 内部渗透某种化学元素
C. 表面感应某种化学元素
D. 内部感应某种化学元素

31. （　　）的基本过程由分解、吸收和扩散三部分组成。

A. 渗碳处理
B. 化学热处理
C. 碳氮处理
D. 热处理

32. 渗碳处理的目的是使零件表面具有高的硬度、耐磨性及疲惫强度，而心部具有（　　）。

A. 较高的韧性
B. 较低的韧性
C. 较高的塑性
D. 较低的塑性

33. 能获得球状珠光体组织的热处理方法是（　　）。

A. 完全退火
B. 球化退火
C. 往应力退火
D. 再结晶退火

34. 对施工单位和职员来说尽对不答应不按图纸施工，同时也尽对不答应擅自更改（　　）。

A. 交工日期
B. 施工预算
C. 施工要求
D. 施工概算

35. 氧气压力表装上以后，要用扳手把线扣拧紧，至少要拧（　　）扣。

A. 3
B. 4
C. 5
D. 6

36. 电路中某点的电位就是该点与电路中（　　）。

A. 零电位点之间的电压
B. 零电位点之间的电阻
C. 参考点之间的电压
D. 参考点之间的电阻

37. 电动势是衡量电源将（　　）本领的物理量。

A. 非电能转换成电能
B. 电能转换成非电能
C. 热能转换成电能
D. 电能转换成热能

38. 电流通过导体的热量，除了与导体的电阻与通电时间成正比外，还（　　）。

A. 与电流强度成正比
B. 与电流强度成反比
C. 与电流强度的平方成正比
D. 与电流强度的平方成反比

39. 全电路欧姆定律的内容是，全电路中的（　　）与电源的电动势成正比，与整个电路中的电阻成反比。

A. 电阻
B. 电流强度
C. 电压
D. 电感强度

40. 在串联电路中，电压的分配与（　　），即阻值越大的电阻所分配的电压越大，反之电压越小。

A. 电阻成正比
B. 电阻成反比
C. 电阻平方成正比
D. 电阻平方成反比

41. 在并联电路中，电流的分配（　　）关系。

A. 与电阻成反比
B. 与电阻成正比
C. 与电压成正比
D. 与电压成反比

42. 并联电路的总电阻一定比任何一并联电阻的（　　）。

A. 阻值大
B. 阻值小
C. 电流的值大
D. 电流的值小

43. 基尔霍夫第二定律的内容：在任意电路中（　　）的代数和恒等到于各电阻上电压降代数和。

A. 电流
B. 电动势
C. 电阻
D. 电感

44. （　　）大小与磁路长度成正比，与铁芯截面积成反比。

A. 磁体　　　　　　B. 磁阻　　　　　　C. 磁通　　　　　　D. 磁极

45. （　　）是利用通电的铁芯线圈吸引衔铁从而产生牵引力的一种电器。

A. 电磁铁　　　　　B. 磁阻器　　　　　C. 磁力线　　　　　D. 电抗器

46. 铁磁材料对（　　）的阻力称为磁阻。

A. 磁体　　　　　　B. 磁场　　　　　　C. 磁通　　　　　　D. 磁阻

47. 磁通是描述磁场在（　　）的物理量。

A. 空间分布　　　　B. 个点性质　　　　C. 具体情况　　　　D. 空间曲线

48. 通电导体在磁场中受到电磁力的大小与（　　）。

A. 导体中的电流成正比，与导体在磁场中的有效长度成反比

B. 导体中的电流及导体在磁场中的有效长度成正比

C. 导体中的电流及导体在磁场中的有效长度成反比

D. 导体中的电流成反比，与导体在磁场中的有效长度成正比

49. 电流流过导体的热量除了与（　　）外还与电流强度平方成正比。

A. 导体电阻及通电时间成正比　　　　　B. 电容强度成反比

C. 电感强度成正比　　　　　　　　　　D. 电感强度成反比

50. （　　）是描述磁场在空间分布的物理量。

A. 磁阻　　　　　　B. 磁通　　　　　　C. 磁场　　　　　　D. 磁势

51. 空气电离后由（　　）组成。

A. 电子和正离子　B. 原子　　　　　　C. 分子　　　　　　D. 中性粒子

52. 焊接时，阴极表面温度很高，阴极中的电子运动速度很快，当电子的动能大于阴极内部正电荷的吸引力时，电子即冲出阴极表面，产生（　　）。

A. 热电离　　　　　B. 热发射　　　　　C. 光电离　　　　　D. 电场发射

53. 细丝 CO_2 气体保护焊时，由于电流密度大，所以其（　　）曲线为上升区。

A. 动特性　　　　　B. 静特性　　　　　C. 外特性　　　　　D. 平特性

54. 钨极氩弧焊在大电流区间焊接时，静特性为（　　）。

A. 平特性区　　　　B. 上升特性区　　　C. 陡降特性区　　　D. 缓降特性区

55. 钨极氩弧焊在（　　）区间，静特性曲线为平特性区。

A. 小电流　　　　　B. 大电流　　　　　C. 不变电流　　　　D. 恒电流

56. 手弧焊正常施焊时，电弧的静特性曲线为 U 形曲线的（　　）。

A. 陡降段　　　　　B. 缓降段　　　　　C. 水平段　　　　　D. 上升段

57. 埋弧自动焊在正常电流密度下焊接时其静特性为（　　）。

A. 平特性区　　　　B. 上升特性区　　　C. 陡特性区　　　D. 缓降特性区

58. 手弧焊时与电流在焊条上产生的电阻热无关的是（　　）。

A. 焊条长度　　　　B. 焊条金属的电阻率　C. 电流强度　　　D. 药皮类型

59. 仰焊时不利于焊滴过渡的力是（　　）。

A. 重力　　　　　　B. 表面张力　　　　C. 电磁力　　　　　D. 气体吹力

60. 焊接薄板时的熔滴过渡形式是（　　）过渡。

A. 粗滴　　　　　　B. 细滴　　　　　　C. 喷射　　　　　　D. 短路

61. 焊接化学冶金过程中的电弧的温度很高一般可达（　　　）。

A. 600 ~ 800 ℃　　B. 1 000 ~ 2 000 ℃　　C. 6 000 ~ 8 000 ℃　　D. 9 000 ~ 9 500 ℃

62. 当溶渣的碱度为（　　　）时，称为酸性渣。

A. <1.5　　　　　　B. 1.6　　　　　　　C. 1.7　　　　　　　D. 1.8

63. 当熔渣碱度为（　　　）时，称为碱性渣。

A. 1.2　　　　　　B. 1.4　　　　　　　C. 1.5　　　　　　　D. >1.5

64. 焊接时硫的主要危害是产生（　　　）缺陷。

A. 气孔　　　　　　B. 飞溅　　　　　　C. 裂纹　　　　　　D. 冷裂纹

65. 用碱性焊条焊接时，焊接区的气体主要是（　　　）。

A. CO_2 + CO　　B. N_2 + CO_2　　C. CO_2 + 水蒸气　　D. N_2 + H_2

66. 焊缝中的偏析、夹杂、气孔缺陷是在焊接熔池的（　　　）过程中产生的。

A. 一次结晶　　　　B. 二次结晶　　　　C. 三次结晶　　　　D. 一次和二次结晶

67. 低碳钢由于结晶区间不大所以（　　　）不严重。

A. 层状偏析　　　　B. 区域偏析　　　　C. 显微偏析　　　　D. 火口偏析

68. 低碳钢二次结晶后的组织是（　　　）。

A. A + F　　　　　B. F + P　　　　　　C. A + Fe_3C　　　　D. P + Fe_3C

69. 在焊接热源作用下，焊件上某点的（　　　）过程称焊接热循环。

A. 温度随时间变化　　　　　　　　　　B. 速度随时间变化

C. 温度随热场变化　　　　　　　　　　D. 温度随速度变化

70. 在焊接接头中，由熔化母材和填充金属组成的部分叫（　　　）。

A. 熔合区　　　　　B. 焊缝　　　　　　C. 热影响区　　　　D. 正火区

71. 不易淬火钢焊接热影响区中综合性能最好的区域是（　　　）。

A. 过热区　　　　　B. 正火区　　　　　C. 部分相变区　　　D. 原结晶区

72. 细丝二氧化碳保护焊时，熔滴应该采用（　　　）过渡形式。

A. 短路　　　　　　B. 颗粒状　　　　　C. 喷射　　　　　　D. 滴状

73. CO_2 气体保护焊时，用的最多的脱氧剂是（　　　）。

A. Si Mn　　　　　B. C Si　　　　　　C. Fe Mn　　　　　D. C Fe

74. CO_2 气体保护焊常用焊丝牌号是（　　　）。

A. H08A　　　　　B. H08MnA　　　　C. H08Mn2SiA　　D. H08Mn2A

75. 细丝 CO_2 气体保护焊的焊丝伸出长度为（　　　）mm。

A. <8　　　　　　B. 8 ~ 15　　　　　C. 15 ~ 25　　　　D. >25

76. 贮存 CO_2 气体的气瓶容量为（　　　）L。

A. 10　　　　　　B. 25　　　　　　　C. 40　　　　　　　D. 45

77. CO_2 气体保护焊的生产率比手弧焊高（　　　）。

A. 1 ~ 2 倍　　　　B. 2.5 ~ 4 倍　　　　C. 4 ~ 5 倍　　　　D. 5 ~ 6 倍

78. CO_2 气体保护焊时使用的焊丝直径在 1 mm 以上的半自动焊枪是用（　　　）。

A. 拉丝式焊枪　　B. 推丝式焊枪　　　C. 细丝式焊枪　　　D. 粗丝水冷焊枪

79. CO_2 气体保护焊时应（　　　）。

A. 先通气后引弧　　B. 先引弧后通气　　C. 先停气后熄弧　　D. 先停电后停送丝

80. 细丝 CO_2 焊的电源外特性曲线是（　　）。

A. 平硬外特性　　　B. 陡降外特性　　　　C. 上升外特性　　　D. 缓降外特性

81. 粗丝 CO_2 气体保护焊的焊丝直径为（　　）。

A. <1.2mm　　　　B. 1.2mm　　　　　　C. ≥1.6mm　　　　D. 1.2~1.5mm

82. （　　） CO_2 气体保护焊属于气——渣联合保护。

A. 药芯焊丝　　　　B. 金属焊丝　　　　　C. 细焊丝　　　　　D. 粗焊丝

83. CO_2 气体保护焊时，所用二氧化碳气体的纯度不得低于（　　）。

A. 80%　　　　　　B. 99%　　　　　　　C. 99.5%　　　　　D. 95%

84. 用 CO_2 气体保护焊焊接10 mm厚的板材立焊时，宜选用的焊丝直径是（　　）。

A. 0.8 mm　　　　B. 1.0~1.6 mm　　　C. 0.6~1.6 mm　　　D. 1.8 mm

85. 贮存 CO_2 气体气瓶外涂（　　）色，并标有二氧化碳字样。

A. 白　　　　　　　B. 黑　　　　　　　　C. 红　　　　　　　D. 绿

86. 氩弧焊的特点是（　　）。

A. 完成的焊缝性能优良　　　　　　　　B. 焊后焊件变形大

C. 焊后焊件应力大　　　　　　　　　　D. 可焊的材料太少

87. 氩弧比一般焊接电弧（　　）。

A. 轻易引燃　　　　B. 稳定性差　　　　　C. 有阴极破碎作用　D. 热量分散

88. 熔化极氩弧焊的特点是（　　）。

A. 不能焊铜及铜合金　　　　　　　　　B. 用钨作电极

C. 焊件变形比TIG焊大　　　　　　　　D. 不采用高密度电流

89. 熔化极氩弧焊在氩气中加进一定量的氧，可以有效地克服焊接不锈钢时的（　　）环境。

A. 阴极破碎　　　　B. 阴极飘移　　　　　C. 晶间腐蚀　　　　D. 表面氧化

90. TIG焊接铝镁合金时，应采用（　　）焊丝。

A. 丝331　　　　　B. 丝321　　　　　　C. 丝311　　　　　　D. 丝301

91. 氩气和氧气的混合气体用于焊接低碳钢及低合金钢时，氧气的含量可达（　　）。

A. 5%　　　　　　B. 10%　　　　　　　C. 15%　　　　　　D. 20%

92. 氩气和氧气的混合气体焊接不锈钢时，氧气的含量一般为（　　）。

A. 1%~5%　　　　B. 5%~10%　　　　　C. 10%~20%　　　　D. 20%~25%

93. 有关氩弧焊特点，下列说法不正确的是（　　）。

A. 焊缝性能优良　　B. 焊接变形大　　　　C. 焊接应力小　　　D. 可焊的材料多

94. 焊接铜及其合金时，采用 Ar+He 混合气体可以改善焊缝金属的（　　）。

A. 润湿性　　　　　B. 抗氧化性　　　　　C. 强度　　　　　　D. 抗裂性

95. 钨极氩弧焊的代表符号是（　　）。

A. MEG　　　　　　B. TIG　　　　　　　C. MAG　　　　　　D. PMEG

96. 惰性气体中氩气在空气中的比例最多，按体积约占空气的（　　）。

A. 2.0%　　　　　　B. 1.6%　　　　　　　C. 0.93%　　　　　D. 0.78%

97. 一般等离子弧在喷嘴口中心的温度可达（　　）。

A. 2 500 ℃　　　　B. 10 000 ℃　　　　C. 20 000 ℃　　　　D. 12 000 ℃

98. 对自由电弧的弧柱进行强迫"压缩"，就能获得导电截面收缩得比较低小，能量更加集中，弧柱中气体几乎可达到全部等离子体状态的电弧，称为（   ）。

A. 等离子弧 B. 自由电弧 C. 等离子体 D. 直流电弧

99. 在（   ）之间产生的等离子弧称为非转移弧。

A. 电极与焊件 B. 电极与喷嘴 C. 电极与焊丝 D. 电极与离子

100. 在电极与喷嘴之间建立的等离子弧称为（   ）。

A. 非转移弧 B. 转移弧 C. 联合型弧 D. 双弧

101. 等离子弧焊枪中，（   ）内缩的原因是为了避免在焊缝中产生夹钨缺陷。

A. 喷嘴 B. 焊丝 C. 钨极 D. 等离子弧发生器

102. （   ）的优点之一是，可以焊接极薄的金属构件。

A. 钨极氩弧焊 B. 微束等离子弧焊

C. 熔化极惰性气体保护焊 D. CO_2 气体保护焊

103. 等离子弧焊接是利用等离子焊枪所产生的（   ）来熔化金属的焊接方法。

A. 高温钨极氩弧 B. 高温手工电弧 C. 高温气刨碳弧 D. 高温等离子弧

104. 焊接 0.01 mm 厚的超薄件时，应选用焊接方法是（   ）。

A. 手工电弧焊 B. 窄间隙焊 C. 微束等离子焊 D. 细丝二氧化碳气体保护焊

105. 等离子弧焊接应采用（   ）外特性电源。

A. 陡降 B. 上升 C. 水平 D. 缓降

106. 大电流等离子弧焊的电流范围为（   ）。

A. 50~500 A B. 550~600 A C. 650~700 A D. 800~1000 A

107. 对自由电弧的弧柱进行强迫"压缩"就能获得导电截面收缩的比较小，能量更加集中，弧柱上气体几乎可达到（   ）称为等离子弧。

A. 部分等离子体状态的电弧 B. 全部等离子状态的电弧

C. 部分自由状态的电弧 D. 全部直流状态的电弧

108. 利用电流通过液体熔渣所产生的电阻热来进行焊接的方法称为（   ）。

A. 电阻焊 B. 电弧焊 C. 氩弧焊 D. 电渣焊

109. 当采用（   ）电渣焊时，为适应厚板焊接，焊丝可作横向摆动。

A. 丝极 B. 板极 C. 熔嘴 D. 管状

110. 板极电渣焊多用于大断面中长度小于（   ）m 的短焊缝。

A. 1.5 B. 2 C. 3 D. 3.5

111. 电渣焊可焊的最大焊件厚度要达到（   ）。

A. 1 m B. 2 m C. 3 m D. 4 m

112. 电渣焊主要缺点是（   ）。

A. 晶粒细小 B. 晶粒均匀 C. 晶粒粗大 D. 晶粒畸变

113. 电渣焊不宜焊接下列的（   ）材料。

A. 1Cr18Ni9Ti B. 16Mn C. Q235-A D. 15CrMo

114. 电渣焊通常用于焊接板厚（   ）以上的焊件。

A. 10 mm B. 20 mm C. 30 mm D. 40 mm

115. 下列焊接方法属于压焊的是（　　　）。

A. 电渣焊　　　　　B. 钎焊　　　　　C. 点焊　　　　　D. 气焊

116. 有关压焊概念正确的是（　　　）。

A. 对焊件施加压力但不能加热　　　　　B. 对焊件施加压力且加热

C. 对焊件施加压力，加热或不加　　　　　D. 以上都有对

117. 金属的焊接性是指金属材料对（　　　）的适应性。

A. 焊接加工　　　　　B. 工艺因素　　　　　C. 使用性能　　　　　D. 化学成分

118. 影响焊接性最大的元素是（　　　）。

A. 硅　　　　　B. 锰　　　　　C. 铜　　　　　D. 碳

119. 钢的碳当量（　　　）时，其焊接性较难焊的材料。

A. >0.6%　　　　　B. <0.6%　　　　　C. >0.4%　　　　　D. <0.4%

120. 当采用（　　　）电渣焊时，为适应厚板焊接，焊丝可作横向摆动。

A. 丝极　　　　　B. 板极　　　　　C. 熔嘴　　　　　D. 管状

121. 钢的碳当量小于0.4%时，其焊接性（　　　）。

A. 优良　　　　　B. 较差　　　　　C. 很差　　　　　D. 一般

122. 焊接（　　　）最轻易在焊接普通低合金结构钢时出现。

A. 冷裂纹　　　　　B. 热裂纹　　　　　C. 再热裂纹　　　　　D. 层状撕裂

123. 16Mn 钢在（　　　）焊接时应进行适当预热。

A. 小厚度结构　　　　　B. 常温条件下　　　　　C. 低温条件下　　　　　D. 小细性结构

124. 18MnMoNB 焊前预热的温度（　　　）。

A. 小于 50 ℃　　　　　B. 为 50 ~ 100 ℃　　　　　C. 为 100 ~ 150 ℃　　　　　D. 大约为 150 ℃

125. 焊接 18MnMoNb 钢材时，宜选用的焊条是（　　　）。

A. E7515-D2　　　　　B. E4303　　　　　C. E5015　　　　　D. E5016

126. （　　　）在低温条件下焊接应适当的预热。

A. 16Mn 钢　　　　　B. 低碳钢　　　　　C. Q235　　　　　D. 20 g

127. 普通低合金结构钢焊接时最轻易出现的焊接裂纹是（　　　）。

A. 热裂纹　　　　　B. 冷裂纹　　　　　C. 再热裂纹　　　　　D. 层状撕裂

128. 焊接（　　　）钢具有再热裂纹的焊接裂纹。

A. 20G　　　　　B. 16Mn　　　　　C. Q235　　　　　D. 15CrMo

129. 焊接低合金结构钢时，在焊接接头中产生的焊接裂纹有（　　　）。

A. 热裂纹和再热裂纹　　　　　B. 冷裂纹、热裂纹和再热裂纹

C. 延迟裂纹　　　　　D. 冷裂纹、再热裂纹

130. 珠光体耐热钢焊接性差是由于钢中加进了（　　　）元素。

A. Si、Mn　　　　　B. Mo、Cr　　　　　C. Mn、P　　　　　D. S、Ti

131. 采用（　　　）焊接珠光体耐热钢时焊前不预热。

A. 氩弧焊　　　　　B. 埋弧焊　　　　　C. 手弧焊　　　　　D. CO_2 气体保护焊

132. 不锈钢产生晶间腐蚀的危险区是（　　　）。

A. 150 ~ 250 ℃　　　　　B. 250 ~ 350 ℃　　　　　C. 350 ~ 450 ℃　　　　　D. 450 ~ 500 ℃

133. 奥氏体不锈钢中主要元素是（　　　）。

A. 锰和碳   B. 铬和镍   C. 钛和铌   D. 铝和钨

134. 为避免晶间腐蚀，奥氏体不锈钢中加进的稳定化元素有（   ）。

A. 锰和硅   B. 铬和碳   C. 钛和铌   D. 铝和钨

135. 球墨铸铁焊接时，产生裂纹的可能性比灰铸铁（   ）。

A. 大得多   B. 小得多   C. 一样   D. 以上均有可能

136. 球墨铸铁热焊时选取用的焊条是（   ）。

A. EZC   B. EZV   C. EZCQ   D. 铸 607

137. 防止焊缝出现白口具体措施是（   ）。

A. 增大冷却速度   B. 减少石墨化元素

C. 增大冷却速度减少石墨化元素

D. 减少冷却速度增大石墨化元素

138. 二氧化碳气体保护焊焊接灰铸铁时，应用的焊丝牌号是（   ）。

A. H08Mn2Si   B. H08A   C. H08MnA   D. H08 或 H08MnA

139. 手工钨极氩弧焊焊接铝镁合金时，应采用（   ）。

A. 丝 331   B. 丝 321   C. 丝 311   D. 丝 301

140. 铝及铝合金焊接时，熔池表面天生的氧化铝薄膜熔点高达（   ）。

A. 1 025 ℃   B. 2 850 ℃   C. 2 050 ℃   D. 3 000 ℃

141. 钛及钛合金焊接时对加热温度超过（   ）的热影响区和焊缝背面也要进行保护。

A. 300 ℃   B. 400℃   C. 500℃   D. 600℃

142. 紫铜的熔化极氩弧焊应采用（   ）。

A. 直流正接   B. 直流反接   C. 交流电   D. 交流或直流反接

143. 紫铜手弧焊时电源应采用（   ）。

A. 直流正接   B. 直流反接   C. 交流电   D. 交流或直流反接

144. 强度等级不同的普低钢，进行焊接时，应根据（   ）选择预热温度。

A. 焊接性好的材料   B. 焊接性差的材料

C. 焊接性中性值   D. 焊接性好的和差的都可以

145. 紫铜的熔化极氩弧焊电源采用（   ）。

A. 直流正接   B. 直流反接   C. 交流电   D. 交流或直流正接

146. 平板对接焊产生残余应力的根本原因是焊接时（   ）。

A. 中间加热部分产生塑性变形   B. 中间加热部分产生弹性变形

C. 两则金属产生弹性变形   D. 焊缝区成分变化

147. 物体在力的作用下变形，力的作用卸除后变形即消失，恢复到原来外形和尺寸，这种变形是（   ）。

A. 塑性变形   B. 弹性变形   C. 残余变形   D. 应力变形

148. 焊后残留在焊接结构内部的焊接应力，就叫做焊接（   ）。

A. 温度应力   B. 组织应力   C. 残余应力   D. 凝缩应力

149. 焊后由于焊缝的横向收缩使得两连接件间相对角度发生变化的变形叫做（   ）。

A. 弯曲变形   B. 波浪变形   C. 横向变形   D. 角变形

150. 对于长焊缝的焊接采用分段退焊的目的是（　　　）。

A. 进步生产率　　B. 减少变形　　　　C. 减少应力　　　　D. 减少焊缝内部缺陷

151. 对于（　　）的焊接，采用分段退焊的目的是减少变形。

A. 点焊缝　　　　B. 对称焊缝　　　　C. 长焊缝　　　　　D. 短焊缝

152. 焊后为消除应力，应采用（　　）方法。

A. 消氢处理　　　B. 淬火　　　　　　C. 退火　　　　　　D. 正火

153. 焊接结构的使用条件是多种多样的，当构件在低温工作或冲击载荷工作时，轻易发生（　　　）。

A. 蠕变　　　　　B. 腐蚀性破坏　　　C. 脆性破坏　　　　D. 塑性破坏

154. 焊接热过程是一个不均匀加热的过程，以致在焊接过程中出现应力和变形，焊后便导致焊接结构产生（　　　）。

A. 整体变形　　　　　　　　　　　　B. 局部变形

C. 残余应力变形和残余变形　　　　　D. 残余变形

155. 为了减少焊件变形，应选择（　　　）。

A. X 型坡口　　　B. I 型坡口　　　　C. 工字梁　　　　　D. 十字形工件

156. 减少焊接残余应力的措施不正确的是（　　　）。

A. 采取反变形　　B. 先焊收缩较小焊缝　C. 锤击焊缝　　　D. 对构件预热

157. 焊后（　　　）在焊接结构内部的焊接应力，称为焊接残余应力。

A. 延伸　　　　　B. 压缩　　　　　　C. 凝缩　　　　　　D. 残留

158. 由于焊接时，温度分布（　　　）而引起的应力是热应力。

A. 不均匀　　　　B. 均匀　　　　　　C. 不对称　　　　　D. 对称

159. 焊后为消除焊接应力应采用（　　　）方法。

A. 消氢处理　　　B. 淬火　　　　　　C. 退火　　　　　　D. 正火

160. （　　　）变形对结构影响较小同时也易于矫正。

A. 弯曲　　　　　B. 整体　　　　　　C. 局部　　　　　　D. 波浪

161. 焊接件变形是随着结构刚性的增加而（　　　）。

A. 不变　　　　　B. 减少　　　　　　C. 增大　　　　　　D. 相等

162. （　　　）工件的变形矫正主要用碾压法。

A. 厚板　　　　　B. 薄板　　　　　　C. 工字梁　　　　　D. 十字形工件

163. 焊接结构的角变形最轻易发生在（　　　）的焊接上。

A. V 型坡口　　　B. I 型坡口　　　　C. U 型坡口　　　　D. X 型坡口

164. 由于焊接时温度不均匀而引起的应力是（　　　）。

A. 组织应力　　　B. 热应力　　　　　C. 凝缩应力　　　　D. 以上均不对

165. 下列试验方法中，属于破坏性检验的是（　　　）。

A. 力学性能检验　B. 外观检验　　　　C. 气压检验　　　　D. 无损检验

166. 外观检验一般以肉眼为主，有时也可利用（　　　）的放大镜进行观察。

A. 3～5 倍　　　　B. 5～10 倍　　　　C. 8～15 倍　　　　D. 10～20 倍

167. 外观检验不能发现的焊缝缺陷是（　　　）。

A. 咬肉　　　　　B. 焊瘤　　　　　　C. 弧坑裂纹　　　　D. 内部夹渣

168. 水压试验压力应为压力容器工作压力的（　　）倍。

A. 1.0 ~ 1.25　　　B. 1.25 ~ 1.5　　　C. 1.5 ~ 1.75　　　D. 1.75 ~ 2.0

169. 对低压容器来说气压检验的试验压力为工作压力的（　　）倍。

A. 1　　　　　　　B. 1.2　　　　　　C. 1.15 ~ 1.2　　　D. 1.2 ~ 1.5

170. 疲劳试验是用来测定焊接接头在交变载荷作用下的（　　）。

A. 强度　　　　　　B. 硬度　　　　　　C. 塑性　　　　　　D. 韧性

171. 疲劳试验是用来测定（　　）在交变载荷作用下的强度。

A. 熔合区　　　　　B. 焊接接头　　　　C. 热影响区　　　　D. 焊缝

172. 弯曲试验是测定焊接接头的（　　）。

A. 弹性　　　　　　B. 塑性　　　　　　C. 疲惫　　　　　　D. 硬度

173. 磁粉探伤用直流电脉冲来磁化工件，可控测的深度为（　　）mm。

A. 3 ~ 4　　　　　　B. 4 ~ 5　　　　　C. 5 ~ 6　　　　　　D. 6 ~ 7

174. 外观检验能发现的焊接缺陷是（　　）。

A. 内部夹渣　　　　B. 内部气孔　　　　C. 咬边　　　　　　D. 未熔合

175. 焊接电流太小，层间清渣不净易引起的缺陷是（　　）。

A. 未熔合　　　　　B. 气孔　　　　　　C. 夹渣　　　　　　D. 裂纹

176. 产生焊缝尺寸不符合要求的主要原因是焊件坡口开得不当或装配间隙不均匀及（　　）选择不当。

A. 焊接工艺参数　　B. 焊接方法　　　　C. 焊接电弧　　　　D. 焊接线能量

177. 造成咬边的主要原因是由于焊接时选用了（　　）焊接电流，电弧过长及角度不当。

A. 小的　　　　　　B. 大的　　　　　　C. 相等　　　　　　D. 不同

178. 焊接过程中，熔化金属自坡口背面流出，形成穿孔的缺陷称为（　　）。

A. 烧穿　　　　　　B. 焊瘤　　　　　　C. 咬边　　　　　　D. 凹坑

179. 造成凹坑的主要原因是（　　），在收弧时未填满弧坑。

A. 电弧过长及角度不当　　　　　　　　　B. 电弧过短及角度不当

C. 电弧过短及角度太小　　　　　　　　　D. 电弧过长及角度太大

180. 焊丝表面镀铜是为了防止焊缝中产生（　　）。

A. 气孔　　　　　　B. 裂纹　　　　　　C. 夹渣　　　　　　D. 未熔合

181. 焊接时，焊缝坡口钝边过大，坡口角度太小，焊根未清理干净，间隙太小会造成（　　）缺陷。

A. 气孔　　　　　　B. 焊瘤　　　　　　C. 未焊透　　　　　D. 凹坑

182. 焊接时，接头根部未完全熔透的现象称为（　　）。

A. 气孔　　　　　　B. 焊瘤　　　　　　C. 凹坑　　　　　　D. 未焊透

183. 焊接电流太小，易引起（　　）缺陷。

A. 咬边　　　　　　B. 烧穿　　　　　　C. 夹渣　　　　　　D. 焊瘤

184. 严格控制熔池温度（　　）是防止产生焊瘤的关键。

A. 不能太高　　　　B. 不能太低　　　　C. 可能高些　　　　D. 可能低些

185. 焊接时常见的内部缺陷是（　　）。

A. 弧坑、夹渣、夹钨、裂纹、未熔合和未焊透

B. 气孔、咬边、夹钨、裂纹、未熔合和未焊透

C. 气孔、夹渣、焊瘤、裂纹、未熔合和未焊透

D. 气孔、夹渣、夹钨、裂纹、未熔合和未焊透

186. 预防和减少焊接缺陷的可能性的检验是（　　　）。

A. 焊前检验　　　B. 焊后检验　　　C. 设备检验　　　D. 材料检验

187. 外观检验不能发现的焊缝隙缺陷是（　　　）。

A. 咬肉　　　　　B. 焊瘤　　　　　C. 弧坑裂纹　　　D. 内部夹渣

188. 下列不属于焊缝致密性试验的是（　　　）。

A. 水压试验　　　B. 气压试验　　　C. 煤油试验　　　D. 机械性能试验

189. 渗透探伤前，应对受检查表面进行清理的范围是（　　　）。

A. 10 mm　　　　B. 20 mm　　　　C. 30 mm　　　　D. 40 mm

190. （　　）焊件焊缝内部缺陷常用超声波检验来擦测。

A. 大厚度　　　　B. 中厚度　　　　C. 薄　　　　　　D. 各种厚度

191. 破坏性检验是从焊件或试件上切取试样，或以产品的（　　　）试验，以检查其各种力学性能，做腐蚀性能的检验方法。

A. 整体破坏　　　B. 局部破坏　　　C. 整体疲劳　　　D. 局部疲劳

192. X 射线检查焊缝厚度小于 30mm 时，显示缺陷的灵敏度（　　　）。

A. 低　　　　　　B. 高　　　　　　C. 一般　　　　　D. 很差

193. 焊缝质量等级中，焊缝质量最好的是（　　　）。

A. Ⅰ　　　　　　B. Ⅱ　　　　　　C. Ⅲ　　　　　　D. Ⅳ

194. 下列不属于破坏性检验的方法是（　　　）。

A. 煤油试验　　　B. 水压试验　　　C. 氨气试验　　　D. 疲劳试验

195. 对低压容器来说，气压试验的试验压力是工作压力的（　　　）。

A. 1.15 倍　　　B. 1.2 倍　　　C. 1.25～1.5 倍　　　D. 1.15～1.2 倍

二、判断题

1. 在一定温度下，从均匀的固溶体中同时析出两种（或多种）不同晶体的组织转变过程称为共晶转变。　　　　　　　　　　　　　　　　　　　　　　　（　　）

2. 马氏体的硬度、塑性取决于马氏体的碳浓度。　　　　　　　　　　　（　　）

3. 热处理的实质是使钢在固态范围内，通过加热，保温顺冷却的方法，改变内部组织结构从而改变其性能的一种工艺。　　　　　　　　　　　　　　　　　（　　）

4. 球化退火的目的是为了改善切削加工性能。　　　　　　　　　　　　（　　）

5. 对于金属晶体来说，增加位错密度或降低位错密度都能增加金属的强度。（　　）

6. 体心立方晶格的间隙中能容纳的杂质原子或溶质原子往往比面心立方晶格要多。　　　　　　　　　　　　　　　　　　　　　　　　　　　　　　　　（　　）

7. 在常温的金属，其晶粒越大，金属的强度，硬度越大。　　　　　　　（　　）

8. 合金的力学性能取决于构成它的相的种类、数目、形态和分布特点。　（　　）

9. 相平衡是指合金中几个相共存而不发生变化的现象。　　　　　　　　（　　）

10. "软氮化"指的是渗氮处理。　　　　　　　　　　　　　　　　　　（　　）

11. 渗碳零件必须用中，高碳钢或中高碳合金钢来制造。　　　　　　　（　　）

12. 低温回火主要用于各种大中型弹簧夹头及某些承受冲击的零件。　　　　（　　）

13. 零件渗碳后必须进行淬火和高温回火。　　　　　　　　　　　　　　　（　　）

14. 并联电路的总电阻一定比任何一个并联电阻的阻值小。　　　　　　　　（　　）

15. 电位是指某点与参考点间的电压。　　　　　　　　　　　　　　　　　（　　）

16. 漏磁通是指在低级绕组中产生的交变磁通中，一部分通过四周空气的磁通。
　　　　　　　　　　　　　　　　　　　　　　　　　　　　　　　　　（　　）

17. 在电路中，有功功率与视在功率之比称为功率因数。　　　　　　　　　（　　）

18. 磁力线是互不交叉的闭合曲线，在磁体外部磁力线方各是由 N 级指向 S 级。
　　　　　　　　　　　　　　　　　　　　　　　　　　　　　　　　　（　　）

19. 某元素的逸出功越小，则其产生电子发射越轻易。　　　　　　　　　　（　　）

20. 钨极氩弧焊在大电流区间焊接时，其静特性为下降特性区。　　　　　　（　　）

21. 由于阴极的斑点压力较阳极大，所以反接时的熔滴过渡较正接时困难。　（　　）

22. 焊条直径越大，所产生的电阻热就越大。　　　　　　　　　　　　　　（　　）

23. 焊缝中心形成的热裂纹往往是区域偏析的结果。　　　　　　　　　　　（　　）

24. 氢不但会产生气孔，也会促使形成延迟裂纹。　　　　　　　　　　　　（　　）

25. 熔滴过渡的特点在很大程度决定了焊接电弧的稳定性。　　　　　　　　（　　）

26. 减少焊缝含氧量最有效的措施是加强对电弧区的保护。　　　　　　　　（　　）

27. 由于手弧焊设备的额定电流不大于 500 A 所以手弧焊时的静特性曲线称为上升特性区。　　　　　　　　　　　　　　　　　　　　　　　　　　　　　　（　　）

28. 埋弧自动焊在正常电流密度下焊接时，其静特性称为上升特性区。　　　（　　）

29. 钨极氩弧焊在大电流区间焊接时，其静特性称为下降特性区。　　　　　（　　）

30. 坡口的选择不考虑加工的难易。　　　　　　　　　　　　　　　　　　（　　）

31. 焊接接头热影响区组织主要取决于焊接线能量，过大的焊接线能量则造成晶粒粗大和脆化，降低焊接接头的韧性。　　　　　　　　　　　　　　　　　　　　（　　）

32. 焊接大厚度铝及其合金时，采用 Ar + He 混合气体可以改善焊缝熔深，减少气孔和进步生产率。　　　　　　　　　　　　　　　　　　　　　　　　　　　　（　　）

33. CO_2 气瓶内艳服的是液态 CO_2。　　　　　　　　　　　　　　　　　（　　）

34. 等离子弧焊接是利用特殊构造的等离子焊枪所产生的高温等离子弧来熔化金属的焊接方法。　　　　　　　　　　　　　　　　　　　　　　　　　　　　　　（　　）

35. 在电极与焊件之间建立的等离子弧称为转移弧。　　　　　　　　　　　（　　）

36. 等离子弧焊时，为了保证焊接工艺参数的稳定，应采用具有陡降外特性的直流电源。　　　　　　　　　　　　　　　　　　　　　　　　　　　　　　　　（　　）

37. 利用电流通过液体熔渣所产生的电阻热来进行焊接的方法称为电渣焊。　（　　）

38. 细丝 CO_2 气体保护焊的焊接电源，应具有陡降的外特性。　　　　　　（　　）

39. 按焊件供电的方向，点焊可分为单面点焊和双面点焊。　　　　　　　　（　　）

40. CO_2 气体保护焊时，应先引弧再通气，才能使电弧稳定燃烧。　　　　　（　　）

41. 等离子弧都是压缩电弧。　　　　　　　　　　　　　　　　　　　　　（　　）

42. 焊接用二氧化碳的纯度大于 99.5%。　　　　　　　　　　　　　　　　（　　）

43. 二氧化碳气体保护焊的气体流量过小时，焊缝易产生裂纹缺陷。　　　　（　　）

44. NBC-250 型焊机属于埋弧自动焊机。　　　　　　　　　　　　　　　（　　）

45. 二氧化碳气体保护焊焊接较长的直线焊缝和有规则的曲线焊缝时，一般采用自动焊。　　　　　　　　　　　　　　　　　　　　　　　　　　　　　　（　　）

46. NBC-250 型二氧化碳焊机属于半自动焊机。　　　　　　　　　　　　（　　）

47. 目前我国生产的氩气纯度可达 99.9%。　　　　　　　　　　　　　　（　　）

48. 熔化极氩弧焊的熔滴过渡主要采用喷射过渡和短途经渡。　　　　　　（　　）

49. 焊接残余应力能降低所有构件的静载强度。　　　　　　　　　　　　（　　）

50. 弯曲变形的大小以弯曲的角度来进行度量。　　　　　　　　　　　　（　　）

51. 焊件上的残余应力都是压应力。　　　　　　　　　　　　　　　　　（　　）

52. 承受动载荷的焊件，焊接残余应力能降低其承载能力。　　　　　　　（　　）

53. 碾压法可以消除薄板变形。　　　　　　　　　　　　　　　　　　　（　　）

54. 为了减少应力，应该先焊结构中收缩量最小的焊缝。　　　　　　　　（　　）

55. 焊接应力和变形在焊接时是必然产生，是无法避免的。　　　　　　　（　　）

56. 焊件在焊接过程中产生的应力称为焊接残余应力。　　　　　　　　　（　　）

57. 焊接残余变形的矫正法有机械矫正法和火焰加热矫正法。　　　　　　（　　）

58. 焊接接头中最危险的焊接缺陷是焊接裂纹。　　　　　　　　　　　　（　　）

59. 易淬火钢可用散热法减少焊接残余变形。　　　　　　　　　　　　　（　　）

60. 碳当量法可以用来估算所有金属材料焊接性好坏。　　　　　　　　　（　　）

61. 珠光体耐热钢焊接时的主要工艺措施是预热、焊后缓冷、焊后热处理，采用这些措檀越要是防止发生冷裂纹（延迟裂纹）。　　　　　　　　　　　　　　　（　　）

62. 珠光体耐热钢焊接时热影响区会出现淬硬组织，所以焊接性较差。　　（　　）

63. 目前焊接奥氏体不锈钢质量较好的方法是氩弧焊。　　　　　　　　　（　　）

64. 焊接灰铸铁时，选择适当的填充材料使焊缝的强度高于母材，对于防止母材开裂具有明显的效果。　　　　　　　　　　　　　　　　　　　　　　　　（　　）

65. 球墨铸铁焊接时，热影响区会产生马氏体组织，使焊后机械加工发生困难。

　　　　　　　　　　　　　　　　　　　　　　　　　　　　　　　　（　　）

66. 球墨铸铁由于强度和塑性比较好，所以焊接性比灰铸铁好得多。　　　（　　）

67. 铜及铜合金焊缝中形成气孔的气体是氢和一氧化碳。　　　　　　　　（　　）

68. 铝及铝合金焊接时，常在坡口下面放置垫板，以保证背面焊缝可以成形良好。

　　　　　　　　　　　　　　　　　　　　　　　　　　　　　　　　（　　）

69. 焊接灰铸铁时形成的裂纹主要是热裂纹。　　　　　　　　　　　　　（　　）

70. 多层堆焊时，由于加热次数多，且加热面积大，致使焊件轻易产生变形，甚至会产生裂纹。　　　　　　　　　　　　　　　　　　　　　　　　　　　（　　）

71. 焊接钢时，在熔池中添加一些铜，不会促使焊缝产生热裂纹。　　　　（　　）

72. 金属材料焊接性好坏主要决定于材料的化学成分。　　　　　　　　　（　　）

73. 造成凹坑的主要原因是电弧过长及角度不当，在收弧时未填满弧坑。　（　　）

74. 弯曲试验是测定焊接接头的塑性。　　　　　　　　　　　　　　　　（　　）

75. 照片底片上，未焊透缺陷常显示为一条断续或连续的黑直线。　　　　（　　）

76. 弯曲试验时，侧弯易出现焊缝根部缺陷，而背弯能检验焊层与焊件之间的结合

强度。 （　　）

77. 在焊接过程中，熔化金属流淌到焊缝以外未熔化的母材上形成的金属瘤称为焊瘤。

（　　）

78. 焊接时电流过小，焊速过高，热量不够或者焊条偏离坡口一侧易产生未熔合。

（　　）

79. 渗透探伤分着色探伤和荧光探伤两种。 （　　）

80. 焊缝质量等级中，Ⅰ级焊缝质量最差。 （　　）

81. 焊接检验分为外观检验，破坏检验和非破坏检验。 （　　）

82. 硬度试验的目的是丈量焊缝和热影响区金属材料的硬度，可间接判定材料的焊接性。

（　　）

83. 焊接容器进行水压试验时，同时具有降低焊接残余应力的作用。 （　　）

84. 积屑瘤不轻易在高速成加工时形成。 （　　）

85. 磨削一般都作为零件的精加工工序。 （　　）

86. 任何物体在空间不受任何限制，有6个自由度。 （　　）

87. 焊接变位机是一种最常用的支承并带动工件改变位置的工艺装备。 （　　）

88. 车削适合于加工各种内外回转面。 （　　）

89. 粗车的目的是切除毛坯硬皮和大部分加工余量，改变不规则毛坯外形。 （　　）

90. 车刀的结构形式有整体式、焊接式、机夹重磨式和机夹可转动刀片式等。 （　　）

答案

一、选择题

1	2	3	4	5	6	7	8	9	10	11	12	13	14	15
B	B	D	C	C	B	D	D	B	C	D	A	A	A	A
16	17	18	19	20	21	22	23	24	25	26	27	28	29	30
C	A	A	C	C	C	D	D	B	B	D	C	C	C	A
31	32	33	34	35	36	37	38	39	40	41	42	43	44	45
B	A	B	C	C	A	A	C	B	A	A	B	B	B	A
46	47	48	49	50	51	52	53	54	55	56	57	58	59	60
C	A	B	A	B	A	A	C	B	A	B	C	A	D	A
61	62	63	64	65	66	67	68	69	70	71	72	73	74	75
C	A	D	C	A	A	C	B	A	B	A	A	A	C	B
76	77	78	79	80	81	82	83	84	85	86	87	88	89	90
C	B	B	A	A	A	C	C	B	B	A	A	D	B	A
91	92	93	94	95	96	97	98	99	100	101	102	103	104	105
D	A	B	A	B	C	C	A	B	A	C	B	C	C	B
106	107	108	109	110	111	112	113	114	115	116	117	118	119	120

续表

A	B	D	A	A	B	A	A	C	D	C	C	A	D	A
121	122	123	124	125	126	127	128	129	130	131	132	133	134	135
A	A	C	D	A	A	B	D	B	B	A	D	B	C	A
136	137	138	139	140	141	142	143	144	145	146	147	148	149	150
C	D	A	A	C	B	A	A	B	B	A	B	C	D	B
151	152	153	154	155	156	157	158	159	160	161	162	163	164	165
C	C	C	C	A	B	D	A	C	C	B	B	A	B	A
166	167	168	169	170	171	172	173	174	175	176	177	178	179	180
B	D	B	B	A	B	B	C	C	A	A	B	A	A	A
181	182	183	184	185	186	187	188	189	190	191	192	193	194	195
C	D	C	A	D	A	D	D	C	A	A	B	A	D	B

二、判断题

1	2	3	4	5	6	7	8	9	10	11	12	13	14	15
×	×	√	√	√	×	×	√	√	×	×	×	×	√	√
16	17	18	19	20	21	22	23	24	25	26	27	28	29	30
√	√	√	√	×	×	√	√	√	√	×	×	×	×	×
31	32	33	34	35	36	37	38	39	40	41	42	43	44	45
√	√	√	√	√	√	√	×	√	×	√	√	×	×	√
46	47	48	49	50	51	52	53	54	55	56	57	58	59	60
√	√	×	×	×	×	×	×	×	√	×	√	√	×	×
61	62	63	64	67	66	67	68	69	70	71	72	73	74	75
√	√	√	×	√	×	×	√	×	√	×	√	√	√	√
76	77	78	79	80	81	82	83	84	85	86	87	88	89	90
×	√	√	√	×	×	√	√	×	√	√	√	√	√	√

附录 D 高级电焊工理论知识试题

一、选择题（选择正确答案，将相应字母填进括号）

1.（　　）包括接合性能和使用性能两方面的内容。
   A. 焊接性　　　　B. 敏感性　　　　　　C. 力学性　　　　D. 适应性

2. 实腹柱可选取使用的钢材断面形状有（　　）种。
   A. 1　　　　　　B. 2　　　　　　　　C. 3　　　　　　D. 4

3. 斜Y形坡口焊接裂纹试验焊完的试件应（　　）进行裂纹的解剖和检测。
   A. 立刻　　　　B. 28 h 以后　　　　C. 48 h 以后　　D. 几天以后

4. 丁字接头根据载荷的形式和相对于焊缝的位置，分成载荷平行于焊缝的丁字接头和弯矩（　　）于板面的丁字接头。
   A. 平行　　　　B. 垂直　　　　　　C. 交叉　　　　　D. 相错

5. 焊缝过程中产生的压缩塑性变形越大，焊后产生的残余应力和残余变形就（　　）。
   A. 不变　　　　B. 越小　　　　　　C. 越大　　　　　D. 相等

6. 奥氏体不锈钢与铁素体钢焊接时，（　　）应进行的热处理方法是高温回火。
   A. 焊时　　　　B. 焊中　　　　　　C. 焊前　　　　　D. 焊后

7. 耐压试验目的不包括的检测项目是（　　）。
   A. 耐压　　　　B. 泄漏　　　　　　C. 疲劳　　　　　D. 破坏

8. 拉伸试验不能测定焊缝金属或焊接接头的（　　）。
   A. 抗拉强度　　B. 屈服强度　　　　C. 塑性　　　　　D. 弹性

9. 下列属于气压压夹器用途的是（　　）。
   A. 提高焊件精度　B. 防止焊接裂纹　　C. 防止焊接变形　D. 零件定位

10. 制定工时定额的方法有（　　），经验统计法和分析计算法。
   A. 概率统计法　B. 经验估计法　　　C. 分析估计法　　D. 模拟计算法

11. 受拉、压的搭接接头的（　　）计算，由于焊缝和受力方向相对位置的不同，可分成正面搭接受拉或压、侧面搭接受拉或压和联合搭接受拉或压三种焊缝。
   A. 静载强度　　B. 动载强度　　　　C. 静载塑性　　　D. 动载塑性

12. 不锈钢与铜及铜合金焊接，如果填充金属含钼过多，则会使促使焊缝脆化的元素（　　）溶入。
   A. Ni　　　　　B. Cr　　　　　　　C. Mn　　　　　　D. B

13. 计算对接接头的强度时，可不考虑焊缝余高，所以计算基本金属强度的公式（　　）于计算这种接头。
   A. 不适用　　　B. 完全适用　　　　C. 部分适用　　　D. 少量适用

14. 焊接时若电缆线与焊件接触不良，则会发生（　　）。
   A. 焊机过热　　B. 焊件过热　　　　C. 焊钳过热　　　D. 电流忽大忽小

15. 为了防止工作时未通冷却水而（　　）的事故，等离子弧切割时必须通冷却水，通常需要安装一个水流开关。
   A. 烧坏割据　　B. 烧坏电阻　　　　C. 烧坏喷嘴　　　D. 烧坏工件

169

16. 焊缝中心的杂质往往比周围多，这种现象称为（　　　）。

A. 区域偏析　　　　B. 显微偏析　　　　C. 层状偏析　　　　D. 焊缝偏析

17. CO_2 气体保护焊机（　　　）调试时，要注意和检查导电嘴与焊丝间的接触情况。

A. 电源　　　　B. 焊机　　　　C. 规程　　　　D. 安装

18. 电渣焊机的检修，要经常检查导电嘴的摆动机构和机头升降机构的（　　　）。

A. 牢固性　　　　B. 指向性　　　　C. 焊接性　　　　D. 灵活性

19. 焊接构件在共振频率下振动一段时间，减少构件内的残余应力，同时又保持构件尺寸稳定的这种方法称为（　　　）。

A. 机械时效　　　　B. 振动时效　　　　C. 化学时效　　　　D. 自然时效

20. 冲击试验可用来测定焊接接头的（　　　）。

A. 硬度　　　　B. 韧性　　　　C. 强度　　　　D. 疲劳

21. 焊接线能量增大时，热影响区宽度（　　　）。

A. 增大

B. 减小

C. 一样

D. 以上都可能存在

22. 柱的外形可分为（　　　）种。

A. 1　　　　B. 2　　　　C. 3　　　　D. 4

23. 焊缝射线照相是检验焊缝（　　　）准确而可靠的方法之一。

A. 外部缺陷　　　　B. 内部缺陷　　　　C. 表面缺陷　　　　D. 底部缺陷

24. Windows 系统的（　　　）可以通过鼠标来高效地完成，也可以通过键盘来完成。

A. 操作　　　　B. 工作　　　　C. 劳动　　　　D. 管理

25. 承受支撑载荷时，凹面角焊缝的承载能力（　　　）。

A. 一般　　　　B. 最高　　　　C. 可以　　　　D. 最低

26. 耐酸钢抗晶间腐蚀倾向的试验方法是（　　　）。

A. Y 法　　　　B. Z 法　　　　C. L 法　　　　D. D 法

27. 紫铜与低碳钢焊接时，为保证焊缝有较高的抗裂性能，焊缝中铁的含量应控制在（　　　）。

A. 0.2% ~1.1%　　B. 10% ~43%　　　C. 50% ~70%　　　D. 40% ~50%

28. 焊接接头的（　　　）。

A. 成分一样，组织和性能不一样　　　　B. 成分和组织一样性能不一样

C. 成分、组织和性能均不一样　　　　D. 以上说法均不对

29. 电弧焊的工时定额由（　　　）、休息和生理需要时间以及准备结束时间 4 个部分组成。

A. 作业时间、布置工作地时间　　　　B. 设计时间、布置工作地时间

C. 作业时间、布置绘图地时间　　　　D. 学习时间、布置工作地时间

30. 为了完成一定的生产工作而规定的必要劳动量称为（　　　）。

A. 劳动定额　　　　B. 劳动工时　　　　C. 产量定额　　　　D. 工时定额

31. 下列不属于辅助时间的是（　　　）。

A. 焊件的清理时间

B. 焊条的更换时间

C. 焊缝的检查时间

D. 操作时间

32. 钢的碳当量 CE 为（   ）时，其焊接性优良。

A. ≥0.4%   B. ≤0.4%   C. >0.4%   D. <0.4%

33. 选择氩弧焊焊接方法，焊接铝及铝合金的质量（   ）。

A. 中等   B. 一般   C. 低   D. 高

34. 有的产品的缺陷已影响到设备的安全使用，或其他性能指标，并且是无法修复的或虽然可以修复，但代价太大，（   ）。

A. 不经济，这种产品只能报废

B. 这种产品报废，太浪费

C. 不经济，这种产品只能降低使用级别

D. 为了节约，这种产品只能降低使用级别

35. 其他黑色金属与铁素体耐热钢焊接时，焊后热处理目的是（   ）。

A. 提高塑性   B. 提高硬度

C. 使焊接接头均匀化   D. 提高耐腐蚀性能

36. 在黑色金属上在面积堆焊耐酸不锈钢时，填充金属材料最优的形式是（   ）。

A. 粉末冶金   B. 电焊条   C. 丝极   D. 带极

37. 埋弧自动焊机已按下启动按钮却引不起电弧的原因应该是（   ）。

A. 转动开关损坏   B. 电源已接通

C. 焊丝与工作间已清渣   D. 焊丝与工作间存在焊剂

38. 焊接性包括（   ）的内容。

A. 接合性能   B. 使用性能

C. 接合性能和使用性能两方面   D. 适应性能和使用性能两方面

39. 超声波探伤前要将探伤表面（   ）直至露出金属光泽。

A. 保持干净   B. 不需打磨   C. 打磨平滑   D. 保持整齐

40. 关于后热的作用，下列说法正确的是（   ）。

A. 有利于提高效率   B. 防止产生夹渣

C. 有利于提高硬度   D. 防止产生延迟裂纹

41. 着色检验可以检验缺陷的深度是（   ）。

A. 3～4 mm   B. 0.3～0.4 mm

C. 0.03～0.04 mm   D. 30～40 mm

42. 钢与铝及其合金焊接时所产生的金属间化合物（   ）影响铝合金的塑性。

A. 会   B. 不会   C. 不可能   D. 不一定

43. 通过焊接接头拉伸试验，可以测定焊缝金属及焊接接头的（   ）、屈服点、延伸率和断面收缩率。

A. 抗拉弹性   B. 抗拉塑性   C. 抗拉强度   D. 抗拉变形

44. 铸铁和低碳钢焊接属异种材料焊接，当焊接层数多、坡口角度大和开 U 形坡口时，对降低熔合比（   ）的是根部焊缝。

A. 不利   B. 有利   C. 没问题   D. 有问题

45. 焊接结构生产准备的主要内容包括审查与熟悉施工图样、（   ）、进行工艺分析。

A. 实施计划   B. 准备设计方案   C. 了解技术要求   D. 技术指导

46. 缝焊机的滚轮电极为主动时，用于（　　）。

A. 圆形焊缝　　　　B. 不规则焊缝　　　　C. 横向焊缝　　　　D. 纵向焊缝

47. 珠光体耐热钢与低碳钢焊接时，采用低碳钢焊接材料，焊后在相同的热处理条件下焊接接头具有较高的（　　）。

A. 冲击韧性　　　　B. 强度　　　　C. 硬度　　　　D. 耐腐蚀性

48. 钢材在剪切过程中，切口附近产生的冷作硬化区钢材塑性愈好，冷作硬化区越（　　）。

A. 窄　　　　B. 宽　　　　C. 不变　　　　D. 薄

49. 焊接残余变形的产生主要是因为焊接过程中产生的（　　）大于材料的屈服强度。

A. 焊接强度　　　　B. 焊接试验　　　　C. 焊接工艺　　　　D. 焊接应力

50. 焊缝过程中产生的（　　）变形越大，焊后产生的残余应力和残余变形就越大。

A. 压缩塑性　　　　B. 压缩弹性　　　　C. 拉伸弹性　　　　D. 弯曲

51. 焊接残余变形的产生主要是因为焊接过程中产生的焊接应力大于材料的（　　）。

A. 抗拉强度　　　　B. 屈服强度　　　　C. 疲劳强度　　　　D. 以上均对

52. 对接焊缝的焊趾处，应力集中系数可达 1.6，所以国家有关标准中规定焊缝余高应在（　　）之间，不得超出。

A. 0～3 mm　　　　B. 0～4 mm　　　　C. 0～5 mm　　　　D. 1～4 mm

53. 焊接变位机工作台可带动工件绕工作台的旋转轴作（　　）的旋转。

A. 倾斜 45°　　　　B. 倾斜 90°　　　　C. 倾斜 135°　　　　D. 正反 360°

54. 焊接（　　）准备的主要内容包括审查与熟悉施工图纸，了解技术要求，进行工艺分析。

A. 结构生产　　　　B. 工艺设计　　　　C. 方法分析　　　　D. 实践生产

55. 焊接结构生产准备的主要内容包括（　　）了解技术要求，进行工艺分析。

A. 分析进度与了解施工图纸　　　　B. 讨论提高工作效率

C. 施工技术指导　　　　D. 审查与熟悉施工图纸

56. 经射线探伤后胶片上出现的缺陷影像不包括（　　）。

A. 连续的黑色直线　　　　B. 深色条纹

C. 一条淡色影像　　　　D. 断续黑线

57. 低碳钢与铝青铜焊接时，比较合适的填充材料是（　　）。

A. 铝青铜　　　　B. 低碳钢　　　　C. 紫铜　　　　D. 黄铜

58. 将管子接头外壁距离压至所需值后，试样拉伸部位的裂纹长度为（　　）时，则认为压扁试验合格。

A. 6 mm　　　　B. 5 mm　　　　C. 4 mm　　　　D. 不超过 3 mm

59. 能直接在焊接产品上打印钢号作标记的容器是（　　）。

A. 不锈钢压力容器　　　　B. 低温压力容器

C. 有色金属压力容器　　　　D. 碳钢压力容器

60. 复杂结构件不合理的装配和焊接顺序是（　　）。

A. 先焊收缩量大的焊缝　　　　B. 先焊能增加结构刚度的部件

C. 尽可能考虑焊缝能自由收缩　　　　D. 先焊收缩量小的焊缝

61. 在焊接性试验中，用得最多的是（　　　）。

A. 无损检验　　　B. 焊接裂纹试验　　　C. 力学性能试验　　　D. 宏观金相试验

62. CO_2 气体保护焊，当焊枪导电嘴（　　　）时，焊机可出现焊接电流小的故障。

A. 无间隙　　　B. 间隙过小　　　C. 间隙过大　　　D. 间隙不变

63. 马氏体耐热钢与珠光体耐热钢焊接时易出现的问题是（　　　）。

A. 再热裂纹　　　B. 冷裂纹　　　C. 热裂纹　　　D. 层状撕裂

64. 复杂结构件的焊缝要处于（　　　）位置进行焊接。

A. 平焊位

C. 横焊位

B. 立焊位

D. 焊工方便操作的位置

65. 壳体的开孔补强常选用的补强结构有整体补强和（　　　）。

A. 局部补强　　　B. 部分补强　　　C. 补强圈补强　　　D. 加板补强

66. 粗实线在电气原理图中表示（　　　）。

A. 控制线路　　　B. 焊接电路　　　C. 照明线路　　　D. 以上三种都对

67. 使异种金属的一种金属受热熔化，而另一种金属却处在固态下，这种焊接方法是（　　　）。

A. 熔焊　　　B. 压焊　　　C. 熔焊—钎焊　　　D. 液相过渡焊

68. 正面角焊缝中，减小角焊缝的（　　　）的夹角，可以减小应力集中。

A. 平面与截面　　　B. 斜边与水平边　　　C. 垂直与截面　　　D. 以上均不对

69. 焊接结构生产准备的主要内容包括审查与熟悉施工图样、了解技术要求、（　　　）。

A. 开展讨论　　　B. 进行工艺分析　　　C. 工作分工　　　D. 提高效率

70. 对焊接工艺评定试板的焊接接头要进行（　　　）的无损探伤检查。

A. 70%　　　B. 80%　　　C. 90%　　　D. 100%

71. 补焊结构复杂、刚性大、坡口深的结构缺陷时，可采用强度稍（　　　）的焊条打底。

A. 相等　　　B. 相当　　　C. 低　　　D. 高

72. 现场组装焊接的容器壳体、封头和高强度的材料的焊接容器，耐压试验后，应对焊缝总长的（　　　）作表面探伤。

A. 5%　　　B. 10%　　　C. 20%　　　D. 30%

73. 采取热处理方法控制复杂结构件的焊接变形，是通过（　　　）来达到目的的。

A. 加速氢的扩散

C. 消除焊接应力

B. 细化晶粒

D. 改善焊缝金属的组织

74. 奥氏体不锈钢与珠光体耐热钢焊接时，选择焊接方法的原则是（　　　）。

A. 减小熔合比　　　B. 提高效率　　　C. 增大线能量　　　D. 增大熔合比

75. 多层压力容器在坡口面上进行堆焊的目的是预防（　　　）。

A. 夹渣和裂纹　　　B. 焊穿　　　C. 气孔　　　D. 焊穿和未熔合

76. 大型复杂结构一般零部件数量多，筋板多，立焊缝多，故装配焊接需（　　　）进行。

A. 总体进行　　　B. 同时进行　　　C. 交错进行　　　D. 分部件进行

77. 复杂结构件合理的装配和焊接顺序是（　　　）。

A. 先焊收缩量小的焊缝   B. 先焊能增加结构刚度的部件

C. 先焊焊缝多的一侧   D. 一般应从四周向中间进行施焊

78. 不属于碳素钢和低合金钢焊接接头冷裂纹自拘束试验方法的是（   ）。

A. 斜 Y 形坡口焊接裂纹试验方法   B. 搭接接头焊接裂纹试验方法

C. T 形接头焊接裂纹试验方法   D. 插销式试验方法

79. 珠光体钢与 17% 铬钢焊接时，选用（   ）焊条。

A. 珠光体钢   B. 铁素体钢   C. 奥氏体钢   D. 马氏体钢

80. 不锈钢与紫铜对接焊坡口清洗应选用（   ）清洗剂。

A. 酒精   B. 汽油   C. 丙酮   D. 四氯化碳

81. 不能提高钢与镍及其合金焊缝金属的抗裂性合金元素（   ）。

A. Mn   B. Si   C. Ti   D. Nb

82. 对焊接容器既能进行致密性又能进行强度检验的方法是（   ）。

A. 煤油检验   B. 射线检验   C. 水压试验   D. 氨气试验

83. 钢材在剪切过程中切口附近产生的冷作硬化区宽度与（   ）因素有关。

A. 钢材塑性越好，冷作硬化区越宽

B. 钢材厚度增加，冷作硬化区宽度减少

C. 压紧力越大，冷作硬化区宽度越少

D. 剪刀之间间隙增加、冷作硬化区宽度减少

84. （   ）过程中，切开的金属会产生整体扭曲变形。

A. 屈服   B. 压缩   C. 拉伸   D. 剪切

85. （   ）是属于压焊方法。

A. 扩散焊   B. 气焊   C. 电子束焊   D. 激光焊

86. 手工钨极氩弧焊机的（   ）时应进行绝缘性能检查，主要包括测量线圈与线圈之间，线圈与地之间。

A. 调试与验收   B. 焊接   C. 解体   D. 自制

87. 常用焊接设备的基本参数项目不包括（   ）。

A. 额定焊接电流   B. 额定工作电压

C. 焊接电流调节范围   D. 电源电压

88. 焊接工艺规程的支柱和基础是（   ）。

A. 焊接工艺评定   B. 技术准备   C. 工艺过程分析   D. 焊接性试验

89. 正面角焊缝中，减小角焊缝的斜边与水平边的夹角，可以（   ）。

A. 提高强度   B. 减小应力集中   C. 增大应大集中   D. 以上均不对

90. 制做封头时如果料块尺寸不够，允许小块（指三块以上）对接拼制的范围是（   ）。

A. 左右对称的三块板   B. 左右对称的四块板

C. 左右对称的五块板   D. 左右对称的六块板

91. 在焊接性试验中，用得最多的是（   ）。

A. 接头腐蚀试验   B. 接头力学性能试验

C. 焊接裂纹试验   D. 硬度试验

92. 使异种金属的一种金属（   ），而另一种金属却处在固态下，这种焊接方法是熔

焊—钎焊。

    A. 受冷凝固   B. 压缩变形   C. 塑性变形   D. 受热熔化

93. 焊接件的焊接变形较小可采用（   ）方法。

    A. 氧-氢气焊   B. 手工电弧焊   C. 等离子弧焊   D. 氧-乙炔气焊

94. 煤油试验常用于（   ）容器的对接焊缝的致密性检验。

    A. 不受压   B. 低压   C. 中压   D. 高压

95. 容器筒节采用埋弧自动焊与电渣焊相比，焊接线能量小得多，所以焊后不必进行（   ）工艺处理。

    A. 消氢处理   B. 消应力处理   C. 时效处理   D. 调质处理

96. 异种钢焊接时，选择（   ）主要考虑的原则是减小熔合比。

    A. 工艺规程   B. 工艺参数   C. 额定参数   D. 额定电流

97. 手弧焊、埋弧焊和气体保护焊等焊接方法（   ）用来焊接钢与镍及其合金。

    A. 只有一种   B. 决不能   C. 不可以   D. 都可以

98. 采用结构钢焊条焊接不锈复合钢板基层钢时，焊缝金属熔化了部分复层不锈钢板所以焊缝金属（   ）。

    A. 硬度下降   B. 脆性提高   C. 塑性提高   D. 裂纹倾向少

99. 钢与铝及其合金摩擦压力焊加热体积极小，即使是这样在顶锻过程中，在铝及其合金一侧还有很少一点熔化物被挤出来，这极少的一点熔物就是（   ）。

    A. 非金属夹杂物   B. 金属间化合物   C. 机械混合物   D. 高熔点氧化物

100. 采用（   ）方法焊接焊件的焊接变形较小。

    A. 氧-乙炔气焊   B. 等离子弧焊   C. 手工电弧焊   D. 氧-氢气焊

101. 多层压力容器接管与筒体及封头的连接角焊缝目前大都采用（   ）。

    A. 手弧焊   B. 埋弧焊

    C. CO_2 气体焊保护焊   D. 手工氩弧焊

102. 多层压力容器在坡口面上进行堆焊的目的是预防（   ）。

    A. 咬边   B. 焊穿   C. 夹渣和裂纹   D. 焊穿和未熔合

103. 对采用风扇的弧焊变压器，对风扇维修保养，加注黄油的时间一般为（   ）。

    A. 三个月   B. 半年   C. 八个月   D. 一年

104. 扩散焊属于（   ）。

    A. 熔焊方法   B. 压焊方法

    C. 熔焊—钎焊方法   D. 液相过渡焊

105. 12Cr1MoV 钢和 20 钢手弧焊时，应该选用（   ）焊条。

    A. E5015   B. E4313   C. E5003   D. E5027

106. 珠光体耐热钢与低合金结构钢焊接接头的性能，焊接时采用较小的焊接线能量时的主要问题是（   ）。

    A. 焊缝中产生气孔   B. 热影响区容易产生冷裂纹

    C. 产生夹渣   D. 焊缝区易产生热裂纹

107. 制造压力容器选材范围不包括下述（   ）。

    A. 低碳钢   B. 铝及铝合金

C. 高碳钢   D. 普通低合金高强度钢

108. 12Cr1MoV 钢和 20 钢（　　）时，应该选用 E5015 焊条。

A. 氩弧焊   B. 手弧焊   C. 气保护焊   D. 埋弧焊

109. 12Cr1MoV 钢和 20 钢手弧焊时，应该选用（　　）焊条。

A. EZCQ   B. ETAI   C. E5015   D. E5001

110. 异种钢焊接时，选择工艺参数主要考虑的原则是（　　）。

A. 减小熔合比   B. 增大熔合比   C. 焊接效率高   D. 焊接成本低

111. 梁与梁连接时为了使焊缝避开应力集中区，使焊缝不过密，焊缝相互应错开（　　）距离。

A. 100 mm   B. 150 mm   C. 200 mm   D. 250 mm

112. 纵向筋板应连续，长度不足时，应予先接长，对接焊缝的具体要求是（　　）。

A. 焊后作消应力热处理   B. 焊前预热间距

C. 采用氩弧焊   D. 保证焊透

113. 某容器的设计压力为 $0.1\ \text{MPa} \leqslant p < 1.6\ \text{MPa}$. 应属于（　　）容器。

A. 低压容器   B. 中压容器   C. 高压容器   D. 超高压容器

114. 某容器的设计压力为 $p \geqslant 100\ \text{MPa}$. 应属于（　　）容器。

A. 低压容器   B. 中压容器   C. 高压容器   D. 超高压容器

115. 某容器的设计压力为 $10\ \text{MPa} \leqslant p < 100\ \text{MPa}$. 应属于（　　）容器。

A. 低压容器   B. 中压容器   C. 高压容器   D. 超高压容器

116. 随着焊机负载持续率增加，焊机的（　　）减小。

A. 焊接电流   B. 许用电流   C. 最大电流   D. 最小电流

117. 焊接时，弧焊变压器过热是由于（　　）。

A. 焊机过载   B. 电缆线过长

C. 焊接电缆断线   D. 电源线误碰罩壳

118. 弧焊变压器的动铁芯响声大的原因是动铁芯的（　　）。

A. 制动螺钉太松   B. 电源电压过低

C. 空载电压过低   D. 变压器绕组短路

119. 焊接设备检查的主要内容是，焊接设备的基本参数和焊接设备（　　）。

A. 设计理论   B. 技术条件   C. 网路电压   D. 磁场强度

120. 多层容器的制造方法很多，常见的有（　　）绕板法、热套法、绕带法。

A. 层板包扎法   B. 多层焊接法   C. 绕柱法   D. 叠层法

121. 肋板是厚度 19~30 mm 低碳钢板其（　　）焊脚尺寸为 6 mm。

A. 中等   B. 最大   C. 最小   D. 一般

122. 焊接设备检查的主要内容是，焊接设备的（　　）和焊接设备技术条件。

A. 基本参数   B. 技术理论   C. 网路电流   D. 额定电压

123. 火焰矫正时，当钢板加热到呈现褐红色至樱红色之间，此时对应的温度为（　　）。

A. 200~400 ℃   B. 400~600 ℃   C. 600~800 ℃   D. 800~1000 ℃

124. 埋弧焊时，接通转换开关电动机不转动的原因与（　　）无关。

A. 转动开关损坏   B. 熔断器烧断   C. 电源未接通   D. 电压不足

125. 常用焊接设备检查技术条件是不包括 （　　　）。

A. 电气性能　　　　　　　　　　　　B. 设备控制系统

C. 送丝机构和附件的检查　　　　　　D. 焊接性能

126. 低合金压力容器件常用的焊后热处理方法的 （　　　）。

A. 1 种　　　　　　B. 2 种　　　　　　C. 3 种　　　　　　D. 4 种

127. 某容器的设计压力为 1.6 MPa≤p＜10 MPa. 应属于 （　　　） 容器。

A. 低压容器　　　B. 中压容器　　　　C. 高压容器　　　D. 超高压容器

128. 在调试电渣焊机时，在启动前应注意焊丝与工件 （　　　） 是否盖上熔剂。

A. 接触处　　　　B. 断路处　　　　　C. 开路处　　　　D. 滑块处

129. 点焊机的 （　　　） 主要是加压机构。

A. 通风机　　　　B. 电容器　　　　　C. 变压器　　　　D. 机械装置

130. 单层压力容器筒体的壁厚最大数值可达 （　　　） mm。

A. 320　　　　　　B. 340　　　　　　C. 360　　　　　　D. 380

131. 钢制压力容器焊接工艺中，以下哪种焊缝不必进行焊接工艺评定 （　　　）。

A. 受压元件焊缝　　　　　　　　　　B. 与受压元件相焊的焊缝

C. 受压元件母材表面堆焊、补焊　　　D. 压力容器上支座、产品铭牌的焊缝

132. 压力容器焊补处遇到 （　　　） 情况不能采用强度等级稍低的焊条进行打底焊。

A. 结构复杂　　　　　　　　　　　　B. 单面焊双面成形

C. 刚性大　　　　　　　　　　　　　D. 材料强度高

133. 必须经常检查埋弧焊焊接导电嘴与焊丝的接触情况发现接触不良时，则应首先（　　　）。

A. 夹紧焊丝　　　B. 检查修补　　　　C. 消除磨损　　　D. 更换新件

134. 压力容器制成后按规定一定要进行 （　　　）。

A. 水压试验　　　B. 力学性能试验　　C. 腐蚀试验　　　D. 焊接性试验

135. 压力容器制成后按规定 （　　　） 进行水压试验。

A. 不要求　　　　B. 可以　　　　　　C. 一定要　　　　D. 不一定

136. 对于低合金钢制容器 （不包括低温容器），用于液压试验用的液体温度应不低于（　　　）。

A. 14℃　　　　　B. 15℃　　　　　　C. 16℃　　　　　D. 17℃

137. 装有剧毒介质的低压容器属于 （　　　）。

A. 一类容器　　　B. 二类容器　　　　C. 三类容器　　　D. 四类容器

138. 装有 （　　　） 属于二类容器。

A. 无毒介质的低压容器　　　　　　　B. 高压容器

C. 剧毒介质的低压容器　　　　　　　D. 毒性为极度或高度危害介质的容器

139. 压力容器用钢的含碳量一般不得大于 （　　　）。

A. 0.15%　　　　B. 0.25%　　　　　C. 0.45%　　　　D. 0.55%

140. 低温容器用钢的工作温度是指不高于 （　　　）。

A. -10℃　　　　B. -20℃　　　　　C. -30℃　　　　D. -40℃

141. 梁柱上往往都有较长的直角焊缝，所以给 （　　　） 创造了条件。

A. 手弧焊　　　　　B. 气焊　　　　　C. 自动焊　　　　　D. 锻焊

142. 制造压力容器选材范围不包括下述的（　　）。

A. 低碳钢　　　　　　　　　　　B. 普通低合金高强度钢

C. 钛和钛合金　　　　　　　　　D. 铝及铝合金

143. 压力容器的封头（　　）采用的形状是橢圆形。

A. 应该　　　　　B. 随意　　　　　C. 能　　　　　D. 不能

144. 压力容器的封头不能采用的形状是（　　）。

A. 碟形　　　　　B. 橢榄形　　　　　C. 椭圆形　　　　　D. 球形

145. 单层压力容器筒体的壁厚最大数值可达（　　）mm。

A. 300　　　　　B. 310　　　　　C. 350　　　　　D. 360

146. 压力容器相邻两筒节的纵缝和封头与相邻筒节的纵缝应错开、错开距离应（　　）。

A. 大于筒体厚度的 1.5 倍且不小于 50 mm　　B. 大于筒体厚度的 2 倍且不小于 75 mm

C. 大于筒体厚度的 3 倍且不小于 100 mm　　D. 小于筒体厚度的 3 倍且不大于 75 mm

147. 压力容器的封头制造方法有（　　）种。

A. 1　　　　　B. 2　　　　　C. 3　　　　　D. 4

148. 压力容器的封头制造方法有（　　）。

A. 打磨成形和旋压成形 2 种　　　　　B. 铸造成形和旋压成形 2 种

C. 冲压成形和刨削成形 2 种　　　　　D. 冲压成形和旋压成形 2 种

149. 压力容器的封头有制造封头的方法有（　　）。

A. 冲压成形和旋压成形 2 种　　　　　B. 铸造成形和旋压成形 2 种

C. 冲压成形和铸造成形 2 种　　　　　D. 切削成形和旋压成形 2 种

150. 在压力容器产品焊接工艺评定试板上，所截取的焊缝金属区的冲击试样数量是（　　）。

A. 1　　　　　B. 2　　　　　C. 3　　　　　D. 4

151. 按规定从试板上切取的（　　）供试验用。

A. 正火区金属　　B. 样品　　　　C. 热影响区金属　　D. 熔合区金属

152. 试样是按规定从试板上切取（　　）供试验用。

A. 焊缝金属　　　B. 熔合区金属　　C. 热影响区金属　　D. 样品

153. 在压力容器产品焊接工艺评定试板上，所截取的焊缝金属区的冲击试样数量是（　　）。

A. 3　　　　　B. 4　　　　　C. 5　　　　　D. 6

154. 压力容器筒体组焊时，（　　）焊缝。

A. 应采用十字　　B. 不应采用十字　　C. 不应采用平行　　D. 可以采用任意

155. 容器筒节采用埋弧自动焊与电渣焊相比，焊接线能量小得多，所以焊后（　　）进行调质处理。

A. 不必　　　　　B. 必须　　　　　C. 需要　　　　　D. 即时

156. 容器筒节采用埋弧自动焊与电渣焊相比，（　　）得多，所以焊后不必进行调质处理。

A. 焊接线能量大　　　　　　　　　B. 焊接线能量一般

C. 焊接线能量中等　　　　　　　　　　　　D. 焊接线能量小

157. 钢制容器（材料 CrMo 钢、$\delta > 16mm$、$\delta_s > 400$ MPa）上的接管法兰、补强圈与壳体或封头相接的角焊缝和调质处理的容器焊缝，应作的探伤检验方法是（　　）。

A. 磁粉探伤　　　　B. X 射线探伤　　　　C. 超声波探伤　　　　D. γ 射线探伤

158. 现场组装焊接的容器壳体、封头和高强度材料的焊接容器，耐压试验后，应对焊缝总长的（　　）作表面探伤。

A. 20%　　　　　　B. 30%　　　　　　　C. 40%　　　　　　　D. 50%

159. 现场组装焊接的容器壳体、封头和高强度材料的焊接容器，耐压试验后，应对焊缝总长的百分之（　　）作表面探伤。

A. 10%　　　　　　B. 20%　　　　　　　C. 30%　　　　　　　D. 40%

160. 受压部件厚度 >32 mm，焊前预热 100℃，（　　）材料需焊后热处理。

A. 碳素钢　　　　　B. 1Cr18Ni9Ti　　　C. 15MnVr　　　　　　D. 12CrMo

二、判断题

1. 耐压试验附有降低焊接应力的作用。　　　　　　　　　　　　　　　　　（　　）

2. 气压试验的气体温度不得高于 15℃。　　　　　　　　　　　　　　　　（　　）

3. 将水、气等充入容器内徐徐加压以检查其泄漏，耐压破坏等的试验叫耐压检验。
　　　　　　　　　　　　　　　　　　　　　　　　　　　　　　　　　　（　　）

4. 用水作为介质的耐压试验叫水压试验。　　　　　　　　　　　　　　　　（　　）

5. 水压试验只能用来检查泄露。　　　　　　　　　　　　　　　　　　　　（　　）

6. 利用容器内外的压力差检查有无泄漏的试验叫气密性试验。　　　　　　　（　　）

7. 进行气压试验前，要全面复查有关技术文件。　　　　　　　　　　　　　（　　）

8. 氧气也可以作气密性检验的气体。　　　　　　　　　　　　　　　　　　（　　）

9. 煤油检验是常用的密封性检验方法。　　　　　　　　　　　　　　　　　（　　）

10. 当高速的离子打击在金属表面上时，在金属表面就会产生 X 射线。　　　（　　）

11. 利用电子计算机记忆功能就自动控制焊机按不同需要进行调节。　　　　（　　）

12. 焊条焊芯的圆心与药皮的圆心偏离程度越大，焊接性能越好。　　　　　（　　）

13. 焊接接头的硬度试验应在其纵截面上进行。　　　　　　　　　　　　　（　　）

14. 容器壳体的内表面和随容器整体出厂的内件一般不涂漆。　　　　　　　（　　）

15. Windows 系统的操作可以通过鼠标来高效地完成，也可以通过键盘来完成。（　　）

16. 恰当地选择装配一焊接次序是控制焊接结构的应力与变形的有效措施之一。
　　　　　　　　　　　　　　　　　　　　　　　　　　　　　　　　　　（　　）

17. 基本除去焊条药皮吸附水的烘干温度是 100℃ 以上。　　　　　　　　　（　　）

18. 插销式试验方法主要来评定氢致延迟裂纹中的焊根裂纹。　　　　　　　（　　）

19. 铰接柱脚其支承柱和柱子连接处应焊补强板以提高局部强度及刚性。　　（　　）

20. Windows 系统的操作应该通过鼠标来完成。　　　　　　　　　　　　　（　　）

21. 劳动定额有两种，一是工时定额，二是产量定额。　　　　　　　　　　（　　）

22. 为了完成一定的生产工作而规定的必要劳动量称为劳动定额。　　　　　（　　）

23. 由于焊缝大部分集中在梁的上部，焊后会引起上挠的弯曲变形。　　　　（　　）

24. 压力容器产品焊接试板也可以是按照预定的焊接工艺制成的用于试验的焊件。

（　　）

25. 氢在焊接接头中容易引起冷裂纹。（　　）

26. 渗透探伤，为了探测细小的缺陷，可将工件表面预热到 40～50℃。（　　）

27. 刚性固定对接裂纹试验对焊缝的拘束过于严重，因此，很不容易产生裂纹。

（　　）

28. 用可变拘束试验方法测定母材的冷裂纹敏感性时，可以采用不加填充焊丝的钨极氩弧焊熔敷焊道。（　　）

29. X 射线的本质与可见光，无线电波和紫外线等相同，都是电磁波。（　　）

30. 点状夹渣在底片上呈单独的黑点，外表不太规则，带有棱角，黑度较均匀。

（　　）

31. 着色检验可发现焊件的内部缺陷。（　　）

32. 手工钨极氩弧焊机检修时，焊枪的检枪修应对各接头连接处、喷嘴螺纹处、喷嘴、夹头绝缘垫圈等进行检修。（　　）

33. 如果射线探伤底片上单个气孔的尺寸超过母材厚度的 1/2 时即作为 Ⅳ 级。（　　）

34. 低温容器用钢的冲击试验温度应大于容器或其受压元件的最低设计温度。（　　）

35. 异种金属焊接时，因塑性变差和应力增加往往容易引起未焊透。（　　）

36. 装配不锈复合钢板时，应在复层面进行定位焊。（　　）

37. 奥氏体不锈钢和珠光体耐热钢焊接时，焊缝的成分和组织决定于母材的熔合比。

（　　）

38. 焊接机器人抗干扰能力差，不能采用 TIG 焊方法。（　　）

39. 异种钢的焊接，如低碳钢与不同强度等级的低合金钢焊接，一般选用与较低强度等级钢材匹配的焊条。（　　）

40. 如果焊件在焊接过程中产生的压应力大于材料的屈服点，则焊后不会产生焊接残余应力和残余变形（　　）

答案

一、选择题

1	2	3	4	5	6	7	8	9	10	11	12	13	14	15
A	B	C	B	C	D	C	D	C	B	A	B	B	D	C

16	17	18	19	20	21	22	23	24	25	26	27	28	29	30
A	D	D	B	B	A	B	A	B	A	B	B	C	A	A

31	32	33	34	35	36	37	38	39	40	41	42	43	44	45
D	D	D	A	B	D	D	C	C	D	C	A	C	A	C

46	47	48	49	50	51	52	53	54	55	56	57	58	59	60
D	A	B	D	A	B	A	D	A	D	A	C	D	D	D

61	62	63	64	65	66	67	68	69	70	71	72	73	74	75
B	C	B	D	C	B	C	B	D	D	C	C	C	A	A

76	77	78	79	80	81	82	83	84	85	86	87	88	89	90
C	B	D	C	C	B	C	A	D	A	A	D	A	B	A
91	92	93	94	95	96	97	98	99	100	101	102	103	104	105
C	D	C	A	D	B	D	B	B	B	A	C	D	B	A
106	107	108	109	110	111	112	113	114	115	116	117	118	119	120
B	C	B	C	A	C	D	A	D	C	B	A	A	B	A
121	122	123	124	125	126	127	128	129	130	131	132	133	134	135
C	A	C	D	D	B	B	A	D	C	D	B	A	A	C
136	137	138	139	140	141	142	143	144	145	146	147	148	149	150
B	B	B	B	B	C	C	D	B	D	C	B	D	A	C
151	152	153	154	155	156	157	158	159	160					
B	D	A	B	A	D	A	A	B	C					

二、判断题

1	2	3	4	5	6	7	8	9	10	11	12	13	14	15
√	×	√	√	×	√	√	×	√	×	√	×	×	√	√
16	17	18	19	20	21	22	23	24	25	26	27	28	29	30
√	√	×	√	×	√	√	×	√	√	√	×	×	√	√
31	32	33	34	35	36	37	38	39	40					
×	√	√	×	×	×	√	√	√	×					

参 考 文 献

［1］许志安．焊接实训［M］．北京：机械工业出版社，2012.

［2］张应立．现代焊接技术［M］．北京：金盾出版社，2011.

［3］王艳芳，杨兵兵．CO_2 气体保护焊技术［M］．北京：机械工业出版社，2011.

［4］胡玉文．电焊工操作技术要领图解［M］．济南：山东科学技术出版社，2005.

［5］王新民．焊接技能实训［M］．北京：机械工业出版社，2006.

［6］中国机械工程学会焊接学会．焊接手册［M］．北京：机械工业出版社，2008.

［7］陈祝年．焊接工程师手册［M］．2 版．北京：机械工业出版社，2010.